国家大学生文化素质教育基地系列教材

通信技术与现代生活

李晓辉　常　静　编著

科学出版社
北　京

内 容 简 介

本书深入浅出地介绍通信技术的原理和在社会生活中的应用，以展现通信技术在社会中的应用为目标，以通信技术的发展史为主线，以重大事件、关键人物、核心技术、生活应用和发展趋势为切入点，综合介绍通信技术的基本知识以及对社会进步的积极影响。全书共分7章，内容包括通信的发展历程、通信基础知识、电话网通信、移动通信、光纤通信、互联网通信和多媒体通信。

本书可作为高等院校通识教育和素质教育课程的教材或教学参考书，也可作为非通信专业人员了解通信和学习通信知识的入门书。

图书在版编目(CIP)数据

通信技术与现代生活/李晓辉，常静编著．—北京：科学出版社，2015
国家大学生文化素质教育基地系列教材
ISBN 978-7-03-045632-8

Ⅰ.①通… Ⅱ.①李…②常… Ⅲ.①通信技术-高等学校-教材
Ⅳ.①TN91

中国版本图书馆CIP数据核字（2015）第215486号

责任编辑：石 悦 董素芹 / 责任校对：胡小洁
责任印制：徐晓晨 / 封面设计：华路天然工作室

科学出版社出版
北京东黄城根北街16号
邮政编码：100717
http://www.sciencep.com

北京京华虎彩印刷有限公司 印刷
科学出版社发行 各地新华书店经销
*
2015年9月第 一 版 开本：720×1000 1/16
2016年1月第二次印刷 印张：12
字数：242 000

定价：29.00元

（如有印装质量问题，我社负责调换）

总　　序

——动之以情，晓之以理

1995年开始在全国开展的提高大学生文化素质教育工作，在我国高等教育史上留下了浓重的一笔。它使我国高等教育走出了着眼于“制器”的狭隘的专业教育模式，真正回归了以“育人”为主旨的教育正轨。20年来，这项工作得到了全国各类各级高等学校和广大师生的热烈拥护和积极响应。在原国家教委和教育部领导下，大批高校建立了文化素质教育基地，开展了丰富多彩的文化素质教育活动，不断提高大学生的文化素质、大学教师的文化素养和高等学校的文化品位与格调。以文化素质教育为“切入点”和“突破口”，在全国各类各级高等学校中深入推进了全面素质教育，在很大程度上改变了我国高校的面貌，提升了高等教育的教学质量。

素质教育体现了一种教育观念，而不是一种教育模式。文化素质教育活动采取了多种多样的形式：课程教学、讲座论坛、课外阅读、名著导读、文艺欣赏、影视评论、编导演唱、校外观摩、体育运动、科技竞赛、社会考察、社会实践，以及各种社团和志愿者活动等（课程教学以外的其他各项活动一般统称为“第二课堂”）。其中各校开设的必修、限制性选修或任意选修的文化素质课程无疑是这种教育的主渠道。在某些学校这类课程称为“通选课程”或“通识课程”。当然，这并不意味着文化素质教育只有在上述活动中才进行。文化素质教育作为一种教育思想，它应该贯穿、渗透在一切课程，包括专业课程和高校的一切教育活动与全部日常生活中。

文化素质教育和全面素质教育的核心理念都是育人。所谓“育人”，就是“立德树人”，建立独立的人格。这就是要使学生具备正确的人生观、世界观和价值观，能认识人的存在或人生的意义和价值，具有社会责任感，能正确对待自我、他人（社会、民族、国家和人类）与自然（包括周围环境），并使自己得到自由而全面的发展，发挥和奉献自己的天赋才智与各种潜能，从而实现个人的价值。这当然是很高的要求，甚至可以说就是教育的极致目标。这样的人必然能践行当下提倡的社会主义核心价值观，而且必将成为一个事业的创新者。因为无论是在历史上还是在世界上，每一个人都是独一无二、与众不同的，如果每个人都能充分发挥出他的独特的个性与天赋潜能，国家就必然会是一个创新型国家。

建立这样的人格，或具备这样的素质，依靠什么？依靠信仰。对人生意义和价值的认识实际上就是一种信仰。有人说，信仰只能通过宗教来取得。有人甚至认为中国人大多不信教，所以中国人没有信仰。这些都是完全不对的！中华民族是世界上唯一具有绵延几千年不断的文化的民族，没有坚定信仰这能够做到吗？信仰是可以教育出来的。其实，宗教信仰也是教育出来的。中国人通过文化传承建立了普遍而坚定的价值信仰：人该怎样做人做事，怎样度过一生；什么是正义、公平、真善美。人的信仰程度随着他的文化水平的提高而发展，每个人都具有与其文化水准相适应的信仰状态。人一辈子都在接受教育，相应地也进行着信仰的锤炼与检验。所以各级各类学校要进行信仰教育，文化育人。这里所谓“文化”就体现在几千年来人类所传承、积淀的人生感悟、生活体验之中，融入人们——尤其是先哲先贤们，通过著作和各种文化产品所凝练和沉淀下来的对世界、自然、社会和人生及其运行变化规律的认识之中。这就体现了“文化育人”的意思。

由于这种人生意义和价值信仰主要来自一种感受和领悟，进行这种教育光靠讲事实说道理是不够的。它们更多地需要通过华美的、形象的艺术魅力来使人从心灵和情绪上感化、熏染和陶冶。因此，如果想通过课程教学来实施这种教育，其重点不在于让学生取得知识和掌握能力；而是在于通过前人的生活积累，通过他们的遭遇、阅历、经验和对世界的认识得到心灵启迪和精神上的感悟与提升。知识和能力当然是必要的，它们是通过对事实和规律的了解，通过自主的分析、综合、归纳、辨别，从而取得对世界的理性认识的基础。但是在这里，知识和能力仅仅是一种基础和手段；文化素质教育课程要通过领会知识、掌握能力来达到坚定正确信仰、提高素质、完善人格的目的。

文化素质教育课程大体是由哲学、历史、文学、艺术，以及当代自然和社会科学等组成的。它们体现人类所积淀的人生感悟和对世界的认识。根据上面所说的文化育人对学生心灵、信仰和人格的要求，这些课程的教学就必须讲究“动之以情，晓之以理”，真正能以生动的事实、故事情节和艺术形象打动人心，震撼感情；同时又能以娓娓动听的深刻哲理和条分缕析、鞭辟入里的逻辑推理使人心服口服。这样的要求不仅要体现在教师的课程讲授中，同时也要展现在相应的教材中。

安徽大学是我国第一批开展加强大学生文化素质教育工作的试点，并首批设立了国家大学生文化素质教育基地。20 多年来他们兢兢业业，用心探索，深入工作，在文化素质教育上取得了大量经验和优秀业绩，进而全面提高了教育教学质量，使大学生在知识、能力、素质等方面协调发展。学校在人文与科技素质教育课程上已经开设了“哲学与思维构建”“历史与文化传承”“文学与艺术审美”“科学与技术创新”“自然与生命探索”“社会与经济发展”6 个核心课程模块，共 200 余门课程。其中有不少是符合上述能“动之以情，晓之以理”，受广大学生称道的精品，已经达到了出版并向全国高等教育界推广的水准。在此基础上，他们还和科学出版社合作，准备邀请兄弟院校和社会上的名家学者加盟，编写与出版更多、更高水平和质量的素质教育核心课程的教材，形成系列丛书（国家大学生文化素质教育基地系列教材）。我想，这对于全国高校进一步深入推进文化素质教育或通识教育将是功德无量的基础性工作。广大学生将从这些“动之以情，晓之以理”教材的谆谆教导下得到心智启迪、加深文化底蕴、拓展人文情怀、提高审美情趣、促进科学素养，他们将具有更为深刻的历史见地和更为宽阔的全球视野，并能进行批判性思维和作出反思性判断，从而成为创新型人才。

我衷心祝愿这套系列丛书能顺利编辑出版，希望它们越来越多、越来越好。

是为序。

王文道

2015 年 6 月 28 日于北京蓝旗营抱拙居

前　言

通信的本质就是通过一定手段或方法来传递信息。通信增加了人与人之间的沟通与合作，促进了生产力的发展，是人类社会文明、进步与发展的巨大动力。人类文明史上最早的通信包括古老的文字通信和我国古代的烽火台传信；而近现代通信技术是指18世纪以来以电磁波为信息传递载体的技术。通信技术的发展历史主要经历了三个阶段：初级通信阶段（以1838年电报发明为标志）、近代通信阶段（以1948年香农提出的信息论为标志）、现代通信阶段（以20世纪80年代以后出现的互联网、光纤通信、移动通信等技术为标志）。通信技术和业务已渗透到人们生活娱乐、工作学习的各个方面，深刻地改变了人类社会的生活形态和工作方式，其发展将给人类文明进步带来更大的影响。

本书以通信技术的发展历程为切入点，以展现通信技术在社会中的应用为目标，综合介绍通信技术的基本知识，包括通信的发展历程、通信基础知识、电话网通信、移动通信、光纤通信、互联网通信和多媒体通信。采用以介绍通信技术为主要内容的思路，注重系统性的介绍和分析，用通俗易懂的语言介绍通信的基本原理、技术特点和应用，力求做到基本概念清晰、内容全面，有较强的可读性。

全书以通信技术的发展史为主线，以重大事件、关键人物、核心技术、生活应用和发展趋势为切入点，介绍通信技术对社会进步的积极影响。并紧贴生活应用，详细分析各种通信业务给人们的生活带来的巨大影响。

本书的第1章、第4章和第7章由李晓辉执笔编写，第2章、第3章、第5章和第6章由常静执笔编写，全书由李晓辉定稿。

在本书的编写过程中，科学出版社的编辑及相关院校的老师和同学们给予了大力支持，在此谨向他们表示衷心的感谢，并恳请读者给予批评指正。

编　者

2015年3月

前言

目　　录

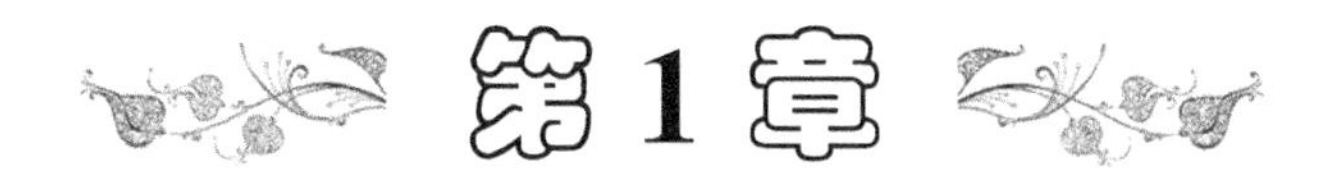

第1章 通信的发展历程

1.1 通信概述

通信，顾名思义，就是互通信息。其目的是克服距离的障碍，迅速准确地传递信息。通信是人们社会生活和从事生产活动必不可少的环节。中国早在殷商时期就有关于通信的记载，在商代甲骨文中记录着用“击鼓传声”作为军事通信方式的信息。后来出现了“飞鸽传书”“烽火狼烟”等古老的信息传输方法。自19世纪美国人塞缪尔·摩尔斯（Samuel Morse）发明电报之日起，通信技术登上了历史舞台，并在人们的生活中扮演着重要角色。现代通信技术使得神话故事中描述的“千里眼”“顺风耳”变为现实，并推动了社会前进的步伐。

如今，“飞鸽传书”的通信时代早已结束，无论人们身处何方，电波都会准确、及时地传递人们需要表达的信息。电话、短信、微信、电子邮件取代了古老的通信方式，极大地满足了人们对即时通信的要求。本书讨论的通信均指电通信。电通信是指将需要表达的消息或信息，如文字、声音、图像、符号等，通过某种设备变成电信号，并利用光纤、铜线、无线电波等有线或无线传输介质，将电信号从一个地方（信源）传递到另一个地方（信宿）的通信方式。若想弄明白通信的过程，就要先了解通信中常用的几个基本概念，如消息、信息和信号等。

通信的任务是传递信息，每一个消息中必定包含接收者所需要知道的信息。

消息是信息的载体，具有不同的形式，如语言、文字、符号、图片等。消息的出现是随机的、无法预知的。一个预先确知的消息不会给接收者带来任何信息，因而也就失去了传递的必要。

日常生活中，人们接到一个电话、收看一段电视以后，往往会认为得到了信息。其实这种观点并不准确，确切地说，是把消息当成信息了。的确，人们从接收到的电话和收看到的电视节目的消息中有可能获得各种信息，但信息和消息并不是一回事，两者不能等同。

信息或信息量是指消息中所包含的未知性。信息量与消息出现的概率有关，

消息出现的概率越小，它所携带的信息量就越大；反之，消息出现的概率越大，所携带的信息量就越小。例如，北京的10月份常常秋高气爽，因此在这个季节，如果天气预报说明天白天晴，人们往往习以为常，因而得到的信息量很小；如果天气预报说明天白天有雪，人们将会感到非常意外，这一异常的天气预报给人们带来了极大的信息量，其原因是北京秋天下雪的可能性极小。从这个例子可以看出信息量的大小与消息出现概率的大小有关。

信息包含在消息之中，是通信系统中传送的对象。值得一提的是，信息与消息的重要程度无关。

信号是消息的表现形式，消息则是信号的具体内容。信号是消息的载体，是表示消息的物理量。现代通信中，一般将随时间变化的电压或电流称为电信号，电信号与非电信号之间可以方便地进行转换。在实际应用中，通常将温度、光强度等物理量转换为电信号，以便在通信系统中传输。

1.2 通信技术发展的过程

1838年，电报的诞生宣告人们正式进入电通信时代。短短一百多年，通信技术给人们带来了翻天覆地的变化。具体表现为：在通信方式上，经历了从有线通信到无线通信的变化；在通信业务上，实现了从单一固定电话通信到移动多媒体通信和卫星通信的转变；在交换技术上，由步进制、纵横制交换机演变为数字程控交换机；传输介质也经历了从架空明线、同轴电缆到光导纤维的变化。从电报、电话发展到现在的可视通话、电子邮件、互联网金融，以及微博、微信等即时通信业务，通信技术的每一次重大进步，都极大地提升了通信网的传输能力，丰富了通信业务，推动了信息社会前进的步伐。如今，通信技术已渗透到人们的生活、娱乐、工作、学习等方面，改变了人类社会的生活形态和工作方式。

1.2.1 早期通信

通信是人们进行社会交往的重要手段。千百年来，人们一直借助语言、图符、钟鼓、烟火、竹简、纸书等进行信息传递。中国是拥有五千年文明史的古国，我们的祖先在没有发明文字之前，就能运用烟火、信鸽等方式进行远距离通信。

早在我国汉代，苏武奉旨出使匈奴，却不幸被流放到北海边牧羊，从此与朝廷中断了联系。在此期间，他利用候鸟“春北秋南”的习性，将书信系在大雁的身上。南飞的大雁将苏武的信息带到了汉朝，汉朝皇帝因此得知了苏武的遭遇，并据此通过外交途径把他接了回来。

人类最早有记录的远距离通信的工具之一是烽火传信。烽火是古代守方军队遇到敌方侵犯时的紧急军事报警信号。烽火传信始于商周延至明清，传承了几千年之久，其中尤以汉代的烽火设备规模为大。烽火台建在边防军事要塞或交通要道的高处，每隔一定距离建筑一座高台，如图 1.1 所示。高台上有驻军守候，一旦发现敌军入侵，军士们白天燃烧柴草以燔烟报警，夜间燃烧薪柴以举烽（火光）报警。若有一台燃起烽烟，邻台见状也相继举火，逐台传递，须臾千里，以达到报告敌情、调兵遣将、求得援兵、克敌制胜的目的。

图 1.1　烽火台

在西周时期，昏庸的周幽王为博宠妃褒姒一笑，竟然命令骊山守兵点燃烽火。一时间狼烟四起，烽火冲天，各地诸侯看到警报，便火速带领本部兵马急速赶来救驾。当诸侯们赶到骊山脚下时，却连一个敌兵的影子也没看见，只听到山上一阵阵奏乐和唱歌的声音，这才知道被戏弄了，因此怀怨而返。褒姒见千军万马招之即来，挥之即去，如同儿戏一般，禁不住嫣然一笑。周幽王大喜，此后便用这种手段数次戏弄各路诸侯。玩笑开得次数多了，诸侯们渐渐地也就不再来了。后来，当敌军真正进攻时，烽火倒是烧起来了，可是诸侯们因多次受到愚弄，以为周幽王又在戏弄大家，因此都不再理会了。最后周幽王命丧战场，西周也宣告灭亡。

唐代诗人王维也曾留下“大漠孤烟直，长河落日圆”的名句，以描写塞外奇特壮观的风光。边疆沙漠，浩瀚无边，烽火台燃起的那一股浓烟就显得格外醒目，表现了它的劲拔、坚毅之美。更有诗人卢思道“朔方烽火照甘泉，长安飞将出祁连”的豪迈诗句。

“飞鸽传书”的场景大家都比较熟悉，因为现在还常常举办信鸽飞行比赛。信鸽在长途飞行中不会迷路，源于它所特有的一种功能，即可以通过感受磁力与纬度来辨别方向。早在我国唐代，“飞鸽传书”就已经很普遍了，在此后的宋、元、明、清诸朝，“飞鸽传书”一直在人们的通信生活中发挥着重要的作用。

在我国历史记载上，信鸽主要用于军事通信。公元 1128 年，南宋大将张浚视察部下曲端的军队，当张浚来到军营时，发现军营空荡荡的，没有人影，这使他非常惊奇。张浚要求曲端将他的部队召集到眼前，曲端不慌不忙，把自己统帅的五个军的花名册递给张浚，说道：“请张将军随便点看哪一军。”张浚指着花名册说：“我要在这里看看你的第一军。”曲端从容地打开鸽笼放出了一只鸽子。顷刻间，第一军全体将士全副武装飞速赶到。张浚大为震惊，又说：“我要看你全部的军队。”曲端又开笼放出余下的四只鸽子，很快，其余的四军也火速赶到。

面对整齐地集合在眼前的部队，张浚大喜，对曲端更是一番夸奖。其实，曲端放出的五只鸽子，都是训练有素的信鸽，它们身上早就被绑上了调兵的文书，一旦从笼中放出，就会立即飞到指定的地点，将调兵的文书送到相应部队首领的手中。

1792年，法国工程师克劳德·沙普（Claude Chappe）研制出世界上第一台可视报文通信装置，称为信号塔通信系统，如图1.2所示。该装置安装在塔顶上，利用几组可旋转机械元件的不同位置信息，便可构成可视报文，用以远距离通信。与烽火台相比，信号塔通信系统可传达的信息量要丰富得多，可描述简单的字母和数字，图1.3所示为克劳德发明的信号集。随后，克劳德及其助手在法国建造了500多个信号塔，可覆盖约4800km的通信距离，用于传递军事和国家重要信息。值得一提的是，电报码的设计就参照了克劳德可视报文符号集的编码思路。

图1.2　克劳德的信号塔

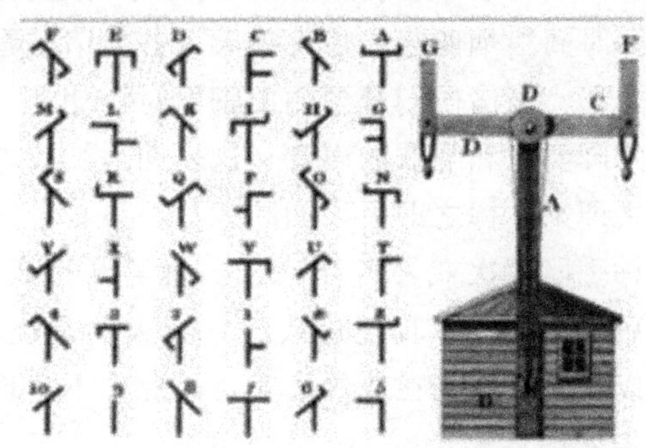

图1.3　信号集

随着时间的推移，18世纪中期诞生了以电信号为基础的电报、电话装置。从此电通信开始登上历史舞台，并书写着一个个通信传奇。

1.2.2　电报和电话通信

18世纪中期以后，伴随着电报和电话的发明、电磁波的发现以及计算机技术和电子技术的发展，人类通信水平发生了翻天覆地的变化，实现了信息的远距离可靠传输。信息的传递不再局限于常规的视、听觉方式，而改用电信号作为新的载体来传输信息，并由此带动了一系列的技术革新。从此，人类进入了信息通信的全新时代。

1. 电报的发明

电报是人们在电通信领域里最早的尝试。世界上第一台用于商业的电报机于1838年诞生于英国，由英国人查尔斯·惠斯通（Charles Wheatstone）与威廉·库克（William Cooke）研制成功，但他们的工作仅对传统电磁式电报机进行了改进。

业界普遍认为电报的发明者是美国人塞缪尔·摩尔斯。摩尔斯原来是美国一位知名的画家，后来投身科学研究。为了制造电报机，他花完了所有的积蓄，终于在1837年研制出世界上第一台传递电码的电报机，并在1838年取得了有线电报的发明专利。他与助手阿尔弗雷德·韦尔（Alfred Vail）设计了沿用至今的摩尔斯电码，该电码由一连串的点、划和间隔的符号（代表各个字母和数字）组成。

1844年5月24日，在华盛顿国会大厦联邦最高法院会议厅，一批科学家和政府官员聚精会神地注视着摩尔斯，只见他亲手操纵着电报机，随着一连串的“点”“划”信号的发出，远在64km外的巴尔的摩城收到由“嘀”“嗒”声组成的世界上第一份电报。第一封电报的内容是圣经的诗句“上帝创造了何等的奇迹”。

19世纪以来，海难事件频繁发生，由于不能及时发出求救信号和最快地组织施救，结果造成很大的人员伤亡和财产损失，因此国际无线电报公约组织于1908年正式将摩尔斯电码SOS确定为国际通用海难求救信号。

很多人都认为SOS是三个英文词的缩写，如有人认为是save our souls（拯救我们的灵魂）；有人解释为save our ship（救救我们的船）；也有人猜测是send our succour（速来援助）；还有人理解为saving of soul（救命）……其实，之所以选择SOS为求救信号，只是因为它的电码“…—— —— ——…”（三个圆点，三个破折号，然后再加三个圆点）在电报中是发报方最容易发出、接收方最容易辨识的电码。

另外还有一个最重要的原因，SOS这三个字母无论正着看还是倒过来看都是SOS。当遭遇海难、需要在孤岛上摆上大大的SOS等待救援时，头顶上飞过的飞机无论从哪个方向飞来都能立刻辨认出来。

关于电报真正发明人问题，目前仍存在着争议。英国人认为，电报是由惠斯通和库克发明的，而美国人则认为电报是由摩尔斯发明的。不可否认的是，摩尔斯获得了电报的发明专利，并成立了电报公司。更多的欧洲人认为，摩尔斯虽不是电报原理的创立者，却是第一个将该原理用于实践的人。在科学界，关于谁是真正发明人的争论还有很多，如电话的发明人。一项新技术的产生不可能是横空出世的，一定是建立在前人研究的基础之上的。另外，不同地域的科学家可能进行着相同的研究工作，这也可能造成成果所属权的争议。

电报在19世纪下半叶传入中国。1871年，英国、俄国等国铺设了中国香港至上海、日本长崎至中国上海，全长2237n mile（1n mile＝1852m）的水线电缆。最早的汉字电码于1873年发出，由于汉字由许多部首组成，且结构复杂、字型繁多，所以不能直接用电码来表示，而采用由四个阿拉伯数字代表一个汉字的方法拼出汉字。《中国电报新编》是中国最早的汉字电码本。

2. 电话的问世

早期的电报通信效率较低，这是因为一根电报线只能发送一封电报，这显然

不能满足用户需求。此外，由于电码在传输信息的过程中需要进行编/解码，所以给实际应用带来了诸多不便。19 世纪下半叶，发明家开始致力于“能说话的电报”的研究，并最终促成了电话的诞生。

电话发明大记事如下。

1667 年，英国科学家罗伯特·胡克（Robert Hooke）发明了一种字符串话机。这是一种机械电话，它通过线的机械振动传输声音。

1844 年，意大利发明家曼泽蒂（Manzetti）开始酝酿“说话的电报”（电话）的想法。

1854 年，法国人查尔斯·布尔瑟（Charles Bourseul）提出了利用电流传输话音的原理，即电话原理。

1854 年，意大利发明家安东尼奥·梅乌奇（Antonio Meucci）发明了世界上最早的电话装置，但未获认可。

1861 年，德国人菲利普·雷斯（Philipp Reis）研制出第一部带闭合开关的语音通话装置。

1875 年，美国发明家亚历山大·贝尔（Alexander Bell）发明了能双向通话的电话装置。同年 6 月，贝尔传输了电话通信史上的第一句话“Watson，come here.（沃森，我需要你帮忙！）”

1876 年 1 月，贝尔递交了电磁电话专利申请。

1876 年 2 月，美国发明家伊莱沙·格雷（Elisha Gray）几乎和贝尔同时，独立完成了电话机的设计，并递交了电话专利申请。他发明的是液体电话装置，而贝尔发明的是电磁电话机。

1877 年 4 月，美国发明家托马斯·爱迪生（Thomas Edison）发明了炭精送话器，大大改善了电话的通话质量，并获得了炭精送话器的发明专利。

1877 年，世界上第一台实验电话交换机在波士顿开通，实现了多用户长距离的电话通信。

1878 年 1 月，世界上第一台商业电话交换机在美国康涅狄格州开通。

1887 年，匈牙利工程师普斯卡什（Puskás）研制出多线电话交换机，提高了电话系统容量。

1915 年，贝尔和助手托马斯·沃森（Thomas Watson）开通了世界上第一部横跨海岸线的长途电话线。

现代电话是诸多发明家不懈努力的成果，贝尔无疑是其中最著名的一员。贝尔的成就远不止发明电话，他创办了著名的贝尔电话公司（美国电报电话公司 AT&T 的前身），并成功组建了实用的商业电话系统。由于其杰出的成就，贝尔被誉为“电话之父”。

可以说，贝尔创立了电话行业。以其名字命名的贝尔实验室是晶体管、激光器、太阳能电池、数字交换机、通信卫星、有声电影以及通信网等许多重大技术的诞生地。自1925年以来，贝尔实验室共获得两万五千多项专利，平均每个工作日获得三项多专利。从基础研究到应用开发，贝尔实验室的成果几乎覆盖了通信领域的每个环节。

3. 电话交换机的发明

早期的电话系统中，一对导线仅能支持两个用户的通话需求；若有3个用户要实现两两通话，就需要3对导线；5个用户时，需要10对导线；10个用户时，需要45对导线；N个用户时，需要$N(N-1)/2$对导线。显然，这种连线方式很不经济。为了解决这个问题，人们发明了电话交换机。每个用户的电话机用一对导线连接到共同使用的电话交换机上，交换机位于各用户的中心。当有两个用户需要通话时，通过交换机将两个用户端口相连即可。最初的交换机为人工交换机，由话务员来完成用户之间的连接。后来又出现过步进制交换机、纵横制交换机，它们都属于机电制自动交换机。由于机电制交换机采用物理接触的方式传递信号，所以设备容易受到磨损。

世界上第一台交换机于1878年安装在美国，当时共有21个用户。这种交换机依靠接线员为用户接线。美国的阿尔蒙·史瑞乔（Almon Strowger）于1891年发明了步进制自动电话交换系统，并在五年后发明了旋转式拨号盘，使得用户可以通过拨动拨号盘直接进行呼叫。计算机诞生以后，人们将交换机的各项功能编成程序，并存放在计算机的存储器中。这种用存储程序方式构成控制系统的交换机，称为存储程序控制交换机，简称程控交换机。程控交换机实质上就是计算机控制的交换机。世界上第一台程控交换机诞生于1965年，由美国贝尔电话公司制造。程控交换机最突出的优点是，在改变系统的操作时，不需要改动交换设备，只要更改程序的指令就可以了，这使得交换系统具有很大的灵活性，有利于开发新的通信业务，为用户提供多种服务项目。

1.2.3 无线通信

电报和电话实现了人类通信史的巨大跨越。但是导线的存在约束了用户的活动范围，若能摆脱电话线直接进行通信就更便捷了。正是这种诉求推动着人们不断探索，寻求无线通信的可能。无线通信是利用电磁波在自由空间中传播的特性，进行信息交换的一种通信方式，它是近些年通信领域中发展最快、应用最广的通信方式。可谓是：人的生命是有限的，但无线的生命却是无限的。

1873年，经典电动力学的创始人，英国科学家詹姆斯·麦克斯韦（James Maxwell）在《论电和磁》一书中建立了电磁场理论，将电学、磁学、光学统一起来，并预言了电磁波的存在。

《论电和磁》一书被尊为继牛顿《自然哲学的数学原理》之后的一部最重要

的物理学经典。麦克斯韦被普遍认为是对 20 世纪最有影响力的 19 世纪物理学家。没有电磁学就没有现代电工学，也就不可能有现代文明。

1888 年，德国物理学家海因里奇·赫兹（Heinrich Hertz）发现了电磁波的存在，他用实验证明了麦克斯韦的电磁理论，促进了无线电的诞生和电子技术的发展。由于赫兹的实验对电磁学有很大的贡献，所以频率的国际单位制单位以他的名字命名为赫兹。

随后，俄国科学家亚历山大·波波夫（Aleksandr Popov）、意大利工程师古格列尔莫·马可尼（Guglielmo Marconi）用实验证明了运动中无线通信的可应用性，并于 1901 年成功地实现了横跨大西洋的无线电通信，在全世界掀起了一场通信革命风暴，把人类带入一个崭新的信息时代。

现代无线通信始于 20 世纪 20 年代初。最初的移动通信应用主要集中在军队和政府部门，其特点是工作频率较低，设备工作在短波频段。第二次世界大战期间，战争的需求使得通信技术及其相关制造业有了长足的发展。战争结束后，美国很快推出了第一种大区制的公众移动电话服务，这就是最早的移动通信网。

1928 年，美国普渡大学的学生发明了工作于 2MHz 的超外差式无线电接收机，这是世界上第一个可以有效工作的移动通信系统。

20 世纪 30 年代末，第一个调频制式的移动通信系统诞生，并逐渐占据主流地位。该系统在短波波段上实现了小容量专用移动通信，但由于存在工作频率较低、话音质量差、自动化程度低等不足，难以与公众网络互通。

20 世纪 50 年代，美国和欧洲部分国家相继成功研制出公用移动电话系统，在技术上实现了移动电话系统与公众电话网络的互通，并得到了广泛的使用。遗憾的是，这种公用移动电话系统仍然采用人工接入方式，且系统容量较小。

20 世纪 60～70 年代，美国推出了改进型移动电话系统（advanced mobile phone service，AMPS），系统工作在 150MHz 和 450MHz 频段，采用大区制、中小容量，实现了无线频道自动选择和自动接入公用电话网。

20 世纪 70 年代中期，随着民用移动通信用户数量的增加和业务范围的扩大，有限的频谱资源与用户递增之间的矛盾日益尖锐。为了更加有效地利用有限的频谱资源，美国贝尔实验室提出了在移动通信发展史上具有里程碑意义的小区制、蜂窝组网的理论，为移动通信系统在全球的广泛应用开辟了新道路。

手机目前已经成为人们日常生活中不能离开的生活必需品，人们的联系方式已从地址到固定电话，再到现在的手机。移动通信技术改变了以往只有在办公室和家庭才能进行通信联系的状况，无论联系人身在何处，都能通过拨打手机取得联系，提高工作的效率。

由于工作或学习原因，人们往往和家人远隔千里。即使同在一个城市，由于工作的繁忙，人们也不可能时时陪伴在家人的身边。有了手机以后，无论人们身处何地，都能与家人保持联系，因此少了一份牵挂，多了一份温馨，同时也多了一份安全。

短信已经深刻地影响了人们的日常生活、工作、学习方式。对于一些重要的内容，用短信方式发送比语言方式更清晰、准确，同时更不容易忘记。

短信拜年、短信聊天已经成为新的生活的一部分，以前，大家都是上门去拜年，后来变成了打电话拜年，如今，短信替代了传统的拜年形式。

移动通信正在改变着人们的生活，使得人们摆脱了线缆的束缚。没有了线缆的约束，人们可以随时随地进行通话，不受时空限制（网络覆盖范围内）。移动通信改变了人与人之间的沟通方式，改变了人们对时间和空间的感受，而且日益深入地渗透进每个人的生活，不断影响和改变着人们的生活方式。

1. 蜂窝移动通信

1）第一代移动通信系统（1st generation，1G）

第一代移动通信系统于20世纪80年代初由美国提出并投入运营。第一代移动通信系统基于蜂窝结构组网，直接使用模拟语音调制技术，并采用频分多址（frequency division multiple access，FDMA）方式。其特点是业务量小、质量差、交互性差、安全性低。

2）第二代移动通信系统（2nd generation，2G）

尽管第一代模拟蜂窝系统取得了巨大的成功，但在实际使用过程中也暴露出一些问题：频谱效率较低，有限的频谱资源和无限的用户容量的矛盾十分突出；业务种类比较单一，只有话音业务；存在同频干扰和互调干扰；保密性较差等。随着超大规模集成电路技术和低速话音编码技术的发展，数字通信技术得到了广泛应用。

1991年，基于时分多址（time division multiple address，TDMA）的全球移动通信系统（global system for mobile communications，GSM）开始投入商业应用。GSM以其更大的容量和良好的服务质量等优势，很快就遍布欧洲乃至全世界。欧洲的爱立信、诺基亚等凭借GSM的优异表现成为新的移动通信界的巨人，与美国的摩托罗拉并驾齐驱。1996年，欧洲电信标准协会制定了GSM 900/1800双频段工作等内容，使得话音质量得到了进一步改进，并实现了GSM与互联网（Internet）的有机结合，数据传送速率可达115～384Kb/s，初步具备了支持多媒体业务的能力。

在2G阶段，出现了一种全新的多址技术——码分多址（code division multiple access，CDMA）。与FDMA和TDMA相比，CDMA技术有许多独特的优势：通话质量好、掉话少、低辐射、健康环保等，因而具有广阔的应用前景。

3）第三代移动通信系统（3rd generation，3G）

3G最早于1985年由国际电信联盟（international telecommunication union，ITU）提出，当时的名称为未来公众陆地移动通信系统（future public land mobile telecommunication systems，FPLMTS），1996年更名为"国际移动通信-2000"（international mobile telecommunication，IMT-2000）。数字2000的含义为该系统工作在2000MHz频段，最高业务速率可达2000Kb/s，预期在2000年左右得到商用。2000年5月，ITU-R在2000年全会上批准，并通过了IMT-2000的无线接口技术规范建议，其中主流技术为以下三种CDMA技术：宽带码分多址（wide CDMA，WCDMA）、CDMA2000和时分同步码分多址（time division-synchronous code division multiple access，TD-SCDMA）。TD-SCDMA是由中国自主研发的技术标准，实现了我国在通信技术领域内国际标准制定的重大突破。

3G是一种覆盖全球的多媒体移动通信系统，其特点是可实现全球漫游，使得任意时间、任意地点、任意人之间以任意方式的个人通信成为可能。也就是说，用户只需携带一部3G手机，无论走到任何一个国家，都可以方便地与国内用户或国际用户通信。3G采用智能信号处理技术，支持话音和多媒体数据通信，可以提供前两代产品无法实现的各种宽带信息业务。例如，高速数据传输和宽带多媒体服务，即3G智能终端除了可以进行通话、短信等基本功能，还兼具掌上电脑的功能，可以实现网页浏览、网上购物、视频聊天、智能监控等功能。3G的优势在于更大的系统容量和更好的通信质量，并且能够实现全球范围的无缝漫游，为通信用户提供快速移动环境下的语音、数据等多媒体通信服务。

全球微波互联接入（worldwide interoperability for microwave access，WiMAX）技术，又称为IEEE 802.16无线城域网协议，是一种为企业和家庭用户提供最后一千米的宽带无线连接方案。WiMAX的技术起点较高，可提供的最高接入速度为70Mb/s，这个速度是3G所能提供的速度的30倍。WiMAX主要用于实现宽带业务的移动化，而3G则实现移动业务的宽带化，其发展趋势是两种网络的融合程度会越来越高，这也是未来移动世界和固定网络的融合趋势。2007年，在日内瓦举行的无线通信全体会议上，ITU正式批准WiMAX为继WCDMA、CDMA2000和TD-SCDMA之后的第四个全球3G标准。

4）第四代移动通信系统（4th generation，4G）

2012年1月，ITU正式审议通过将LTE-Advanced和Wireless MAN-Advanced（IEEE 802.16m）技术规范确立为IMT-Advanced（俗称4G）的国际标准，中国主导制定的TD-LTE-Advanced和FDD-LTE-Advance同时并列成为4G国际标准。

4G被认为是3G的延伸，它集3G与无线局域网（wireless local area

network，WLAN）于一体，并能够传输高质量的视频图像，图像传输质量与高清晰度电视不相上下。4G系统最大能够以100Mb/s的速度下载，上传的速度也能达到20Mb/s，这意味着用户可以体验到最大12.5～18.75Mb/s的下行速度，该速度是当前主流移动3G网络的35倍，并能够满足几乎所有用户对无线服务的要求。4G手机从功能到外观式样上都有突破：眼镜、手表、化妆盒、旅游鞋等任何一件物品都有可能成为4G终端；人们在随时随地和朋友网上视频畅聊或打游戏的同时，还可以双向下载传递资料、图画、影像；4G手机还能根据环境、时间和设定的内容为主人服务，扮演着人们生活上的好管家角色。另外，4G有望集成不同模式的无线通信：从无线局域网和蓝牙等室内网络、蜂窝信号、广播电视到卫星通信，移动用户可以自由地从一个标准漫游到另一个标准。如果说3G能为人们提供一个高速传输的无线通信环境，那么4G通信将会是一种超高速无线网络，一种不需要电缆的信息超级高速公路。

移动通信的发展是一种必然的历史趋势。因为信息社会化的需求促进了移动通信技术的发展，同时先进的移动通信技术又为社会服务，满足人们日益增长的要求。与其说是移动通信改变了社会，不如说是移动通信适应了现代社会。

2. 卫星通信

卫星通信是指地球上的无线电通信站间利用卫星作为中继而进行的通信。卫星通信系统由卫星和地球站两部分组成：发射站和接收站设置在地球上，负责信息的发射和接收；卫星在空中起中继站的作用，即把地球站发上来的电磁波放大后再返回另一地球站，地球站与卫星之间形成卫星通信系统的链路。卫星通信的优点是：通信范围大，只要在卫星发射的电波所覆盖的范围内，任何两点之间都可进行通信；可靠性高，不易受陆地灾害的影响；开通电路迅速，只要设置地球站电路即可开通通信功能；可以经济地实现广播、多址通信；能实现一处发射信号多处接收的功能，如卫星电视直播；电路设置非常灵活，可随时分散过于集中的话务量。卫星通信的缺点是造价昂贵，维护成本高。

卫星通信广泛应用于交通运输、气象、森林防火、灾害预报、通信、导航等领域，还可以为电信运营商提供高精度时钟同步服务，因此已成为现代社会重要的通信手段。以卫星通信为基础构成的全球定位系统（global positioning system，GPS）可以利用无线电信号的传输，测量地球表面周围空间任意目标的位置，精度能达到1m以内，因此可为全球用户提供精确的定位和导航服务。目前，比较完善的卫星导航系统有四个：美国的GPS、俄罗斯的格洛纳斯（GLONASS）系统、欧洲的伽利略（GALILEO）卫星导航系统和中国的北斗卫星导航系统。

1）美国的GPS

该系统由放置在互成120°的三个轨道上的24颗卫星组成，能提供精度约为

10m 的目标定位，是目前使用最广泛的卫星定位系统。

2）俄罗斯的格洛纳斯（GLONASS）系统

该系统由 24 颗卫星组成，能提供精度约为 10m 的目标定位。系统于 2009 年年底建设完成，可提供全球范围内的定位服务。

3）欧洲的伽俐略（GALILEO）卫星导航系统

它由 30 颗卫星组成，定位误差不超过 1m，主要提供民用服务，并于 2008 年开通卫星定位服务。

4）中国的北斗卫星导航系统

该系统由 5 颗静止轨道卫星和 30 颗非静止轨道卫星组成，定位精度约为 10m。

自 2000 年以来，中国已成功发射了 3 颗“北斗导航试验卫星”，建成了北斗导航试验系统。该系统可在服务区域内任何时间、任何地点，为用户确定其所在的地理经纬度信息，并提供双向短报文通信和精密授时服务。目前，系统已在测绘、电信、水利、公路交通、铁路运输、勘探、森林防火和国家安全等诸多领域逐步发挥重要作用。例如，2008 年 5 月 12 日 14 时 28 分，四川省汶川县发生 8.0 级特大地震。随后，通往震中汶川、北川、理县、卧龙等重灾区的通信完全中断。5 月 12 日晚 22 时，首批武警官兵抵达地震重灾区，通过携带的北斗卫星导航系统终端机发出了地震重灾区第一束生命急救电波。

3. 广播电视

1904 年，英国电气工程师弗莱明（Fleming）发明了二极管。

1906 年，美国物理学家费森登（Fessenden）成功地建立了无线电广播。

1907 年，美国物理学家李・德福莱斯特（Lee De Forest）发明了真空三极管；美国电气工程师阿姆斯特朗（Armstrong）应用电子器件发明了超外差式收音机。

1920 年，美国无线电专家康拉德（Conrad）在匹兹堡建立了世界上第一家商业无线电广播电台，从此广播事业在世界各地蓬勃发展，收音机成为人们获取时事新闻的方便途径。

1922 年，16 岁的美国中学生菲罗・法恩斯沃斯（Philo Farnsworth）设计出第一幅电视机原理图，并于 1929 年申请了发明专利。法恩斯沃斯为电视机的发明者之一，他和约翰・洛吉・贝尔德（John Logie Baird）还有维拉蒂米尔・斯福罗金（Vladimir Zworykin）各自独立发明了电视。

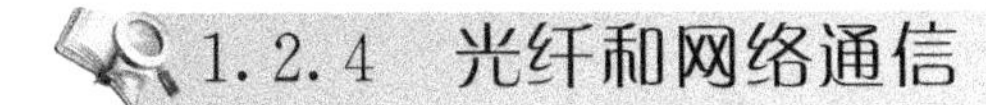

1.2.4 光纤和网络通信

1. 光纤通信

在光纤通信发明之前，人们一直采用电通信方式传输信息。光纤通信是指利用光纤来传输携带信息的光波，从而达到通信的目的。光纤具有巨大的带宽潜力，一根光纤的理论容量为100Tb/s，可传输20亿路电话信号。此外，它还具有衰减小、体积小、重量轻、抗干扰性能强等优点。目前，光缆已经取代电缆，在核心网传输中发挥着巨大的作用。光纤通信诞生于20世纪70年代，短短几十年发展时间，它已成功解决了有线信道带宽资源紧缺问题，提高了通信系统的传输速率，为高速信息时代的到来奠定了基础。

光纤通信大记事如下。

1870年，英国物理学家胡安・丁铎尔（Joan Tyndall）利用水流实验，说明了光可以沿着介质传输。

1950年，印度裔科学家卡帕尼（Kapany）用玻璃丝制造出世界上第一根光纤。但该光纤衰减较大，还不能用于数据传输。

1966年，英籍华裔科学家高锟发表了论文《光频率的介质纤维表面波导》，从理论上分析并证明了用光纤作为传输信息、实现光通信的可能性。他预言：当光纤的衰减率低于20dB/km时，光纤就可用于通信。

1970年，美国康宁公司科研人员研制出传输损耗为20dB/km的石英光纤，证明了光纤作为通信介质的可能性，也验证了高锟的预言。

1977年，世界上第一条光纤通信系统在美国芝加哥市投入商业应用，其传输速率为45Mb/s，大约每10km需要一个中继站。

1988年，世界上第一条横跨大西洋海底光缆建成，主要用于电话通信。

1992年，美国贝尔实验室与日本学者合作，成功研制出无错误传输9000km的光放大器，大大提高了光纤通信距离。

2000年左右，美籍华裔科学家厉鼎毅与贝尔实验室同事利用波分复用技术，有效地提高了光纤通信系统的容量，在光纤通信领域内掀起一场革命。2001年，在波分复用技术和光放大技术的推动下，单根光纤的容量已达到10Tb/s。

2005年，光纤到户（fiber to the home，FTTH）接入方式使得人们在家就能享受到宽带互联网带来的视听盛宴。

2. 网络通信

1）计算机诞生

1946年，美国宾夕法尼亚大学物理学家约翰・莫克利（John Mauchly）和工程师普雷斯伯·埃克特（Presper Eckert）研制出世界上第一台真正能自动运转的现代电子计算机——ENIAC，它可实现5000次/s的加法运算。ENIAC的问世具有划时代的意义，表明了电子计算机时代的到来。

1959年，美国的基尔比（Kilby）和诺伊斯（Noyce）发明了集成电路，从此微电子技术诞生了。

1967年，诞生了大规模集成电路，在一块米粒般大小的硅晶片上可以集成一千多个晶体管。

1971年，世界上第一台微处理器在美国硅谷诞生，从此开创了微型计算机的新时代，其应用领域从科学计算、事务管理、过程控制逐步走向家庭。

1977年，美国和日本科学家研制出超大规模集成电路，在30mm^{2}的硅晶片上可集成13万个晶体管。微电子技术极大地推动了电子计算机的更新换代。

2）计算机通信网络

为了解决资源共享问题，单台计算机很快发展成多台计算机间的联网，实现了计算机之间的数据通信、数据共享。计算机通信网将地理位置不同、具有独立功能的多台计算机及其外部设备通过通信线路连接起来，在网络操作系统、网络管理软件、网络通信协议的管理和协调下，实现资源共享和信息传递。

计算机网络的发展经历以下两个阶段。

(1) 早期阶段。

计算机的诞生给信息处理技术带来了质的飞跃。随着通信技术的不断发展，人们开始思考如何将计算机技术与通信技术相结合，以实现数据通信。这为计算机网络的出现提供了技术准备，同时奠定了理论基础。1969年，美军研制出阿帕网（advanced research projects agency network，ARPANet），将西南部的加利福尼亚大学洛杉矶分校、斯坦福大学研究学院、加利福尼亚大学和犹他州大学的4台主要的计算机连接起来，形成了计算机网络雏形。ARPANet采用分组交换的信息传输方式，提高了线路的传输效率，节约了宝贵的通信资源。如果有用户要求与ARPANet相连，只要直接与就近的节点交换机相连即可加入网络，因此网络规模得到了快速增长。

(2) 互联网时代。

20世纪70年代中期，人们认识到仅使用一个单独的网络是无法满足所有通信需求的。于是ARPANet研发组开始着手研究多个网络互连的技术，这预示着互联网时代即将到来。

1983年，互联网奠基人温顿·瑟夫（Vinton Cerf）、罗伯特·卡恩（Robert Kahn）等联合提出了传输控制协议/互联网协议（transmission control protocol / internet protocol，TCP/IP），建立了互联网架构模型，创立了“信息高速公路”的概念。随后，TCP/IP成为ARPANet的标准协议。同年，ARPANet分解成两个网络：一个是进行实验研究用的科研网 ARPANet；另一个是军用的计算机网络。

1986 年，美国国家科学基金会（national science foundation，NSF）围绕 6 个大型计算机中心，建设了计算机网络 NSFNet。它是一个三级网络，分为主干网、地区网和校园网，现已代替 ARPANet 成为互联网的主要部分。

1989 年，英国人蒂姆·伯纳斯·李（Tim Berners Lee）正式提出万维网（world wide web，WWW）的设想，即超文本传输协议（hyper text transport protocol，HTTP）。超文本的含义为在一段文字中嵌入另一段文字链接的系统，当用户阅读这些页面的时候，可以随时用它们选择一段文字进行链接，从而方便人们检索、查阅相关资料。1990 年年底，李及其团队开发出世界上第一个网页浏览器。李最杰出的贡献就是免费将万维网的构想推广到全世界，使万维网科技在全球范围内得到迅速的发展。

1989 年，皮特·多伊奇（Peter Deutsch）及其团队建立了第一个检索互联网，他们为文件传输协议（file transfer protocol，FTP）站点建立了一个档案，后来命名为 Archie。这个软件能周期性地到达所有开放的文件下载站点，列出它们的文件，并且建立一个可以检索的软件索引。

1991 年起，互联网开始支持地方网络接入。众多公司的纷纷加入，使网络的信息量急剧增加。因此，美国政府决定将互联网的主干网转交给私人公司经营，并开始对接入互联网的单位收费。

互联网的应用在现实生活中十分广泛，人们可以利用互联网聊天、玩游戏、查阅资料等。更重要的是人们还可以利用互联网进行广告宣传、购物和金融理财，互联网给人们的生活带来了极大的方便。互联网推动了社会的飞速发展，为世界经济发展带来了巨大收益，但同时人们也应看到互联网带来的许多问题，如虚假信息、网络欺诈、病毒与恶意软件、数据丢失、黑客攻击等。

互联网与万维网是什么关系呢？互联网是指网络互连，定义为使用 TCP/IP 的计算机网络，即处于不同地理位置的计算机设备使用 TCP/IP 进行通信。判断用户接入的是否为互联网，首先判断计算机是否安装了 TCP/IP，其次再看它是否拥有一个公网 IP 地址。TCP/IP 由多个协议组成，不同类型的协议又被放置在不同的层，其中位于应用层的协议就有很多，如 FTP、简单邮件传输协议（simple mail transfer protocol，SMTP）和 HTTP。只要应用层使用的是 HTTP，就称为万维网。万维网通常简称为 Web，分为 Web 客户端和 Web 服务器程序。万维网是一个由许多互相链接的超文本组成的系统，可以通过互联网进行访问，并允许 Web 客户端（常用浏览器）访问浏览 Web 服务器上的页面。在这个系统中，每个有用的事物称为一个“资源”，并且由一个全局统一资源标识符（uniform resource locator，URL）标识。这些资源通过 HTTP 传送给用户，

而后者通过点击链接来获得资源。例如，当用户在浏览器里输入安徽大学网址时，就能看安徽大学提供的网页，这是因为用户的浏览器和安徽大学的服务器之间通过HTTP在进行交流。

1.3 通信技术发展的趋势

时至今日，只要人们打开手机或计算机，就能轻松地实现通话、购物、缴费、租车服务和医疗保健等功能。通信技术在丰富人们生活的同时，使得出行更加便捷。自电报发明之日起，通信技术改变了人们的生活方式。因此有人说，通信技术这一百多年来创造的价值，远远超出之前所有时代的总和。如今，人们迫切希望在移动的过程中快速接入互联网以获取信息。结合移动通信与互联网技术的融合通信，将是未来通信发展的趋势。

1.3.1 融合通信

融合通信基于移动互联网，可为用户提供随时随地接入互联网服务，并享有统一的通信平台。用户可通过移动通信网、无线保真（wireless fidelity，WiFi）等服务通道，获得几乎免费的音（视）频通话、短信、金融理财、网购等全方位服务。融合通信有三大特点：①业务融合（视频、话音和数据等多媒体信息的融合）；②电信、互联网、信息技术三个领域交互；③实时移动业务显著。目前，融合通信正朝着提供“任何时间、任何地点、任何设备”无差别沟通的目标迈进。在这个过程中，移动性、视频化、云协作和社交元素的增加，将成为融合通信未来发展的趋势。

1. 移动性

移动性天生就是融合通信的重要特征，移动性不仅仅只是实现基于即时通信、点对点电话等功能，同时需要提供高安全性与极佳的移动操作体验，以及协同桌面软硬终端的操作等特性。用户可以通过移动互联网进行高质量的语音通信，与亲友进行群组、图文、音视频分享等；企业可实现高质量视频电话会议等。

2. 视频化

视频通信是为了实现用户在不同位置（可能是办公室、机场、酒店或者家里）随时随地接入互联网，从而获取视频应用。通过计算机、手机等用户终端，可为用户提供视频聊天、视频会议、远程医疗、远程教育等应用。

3. 云协作

云协作是基于云计算的商业合作模式，是合作云平台的总称。它改变了传统合作模式中的内部竞争与利益分配模式，将众多企业联合起来，以不同产业链条的能力耦合于各个节点，在云协作实体中心的全面协调下，保证每个节点市场的完整与独享，同时又服务于总体的云协作计划。在云协作模式关系中，用户可以得到全面周到的服务而不必关心具体细节，如云会议。云会议是一种基于云计算技术的会议形式，具有高效、便捷、成本低等优点，使用者只需通过互联网界面进行简单易用的操作，便可快速高效地与世界各地的团队或客户同步分享语音、数据文件和视频。会议中数据的数据传输、处理等复杂技术均由云会议服务商操作，用户只要付费就可以享受高质量的服务。

4. 社交元素的增加

用户的信息沟通是全方位的，因此互联网社交的需求也应运而生。用户借助移动互联网通信平台，登录脸书（Facebook）、微信、百度贴吧、天涯论坛等公众社交网络，就可以完成信息的收发，从而感知世界。

1.3.2 典型应用

1. 即时通信

信息时代的生活离不开即时通信，电子邮件、MSN、微信等软件以强大的功能与友好的用户界面，成为人们日常交流必不可少的元素。这些软件一般能支持文件传输、多人语音聊天、视频通信等功能；提供公众交友平台、朋友圈、消息推送等服务。用户可以通过手机或平板电脑登录软件进行信息收发，极大地满足了人们沟通、社交、出行、娱乐等需求。

2. 互联网理财

随着社会的进步，人们的生活水平日益提高，理财已成为人们关注的焦点。借助互联网，人们可以轻松地进行理财。互联网理财的突出优点是提供灵活的理财方案，支持随存随取。只要用户开通理财账户，在获取收益的同时，还可以随时享受网上购物、转账、信用卡还款、话费充值、水电煤缴费等功能带来的便捷。

3. 互联网电视

目前，互联网的强大冲击力已波及传统娱乐——电视领域。互联网电视（或称为交互式网络电视）是一种宽带有线电视网，它集互联网、多媒体、通信等多种技术于一体，向用户提供包括数字电视在内的多种电视服务，如视频点播、视频广播等多种交互式服务。此外，由于它采用高效的视频压缩技术，视频画面可以接近数字多功能光盘（digital versatile disc，DVD）的收视效果。互联网电视是互联网络技术与电视技术结合的产物，既保留了电视形象直观、生动灵活的表现特点，又具有互联网按需获取的交互特征。用户可以通过数字高清有线电视或

宽带网络机顶盒两种方式享受互联网电视服务。

4. 视频会议

视频会议是企业、组织机构等常用的会议形式。视频会议最初的形态可以看成电视和电话会议的结合，它通过电视和电话设备，在两个或多个地点的用户之间实时传送声音和图像。此外，视频会议还具有静止图像、文件、传真等信号的传送功能。无论人们身在何处，都可通过智能手机、平板电脑等终端设备加入视频会议系统。此外，除了实时的“面对面”交谈功能，视频会议系统还具备办公文档共享、多媒体同步和电脑桌面共享等功能。

现代通信在给人们带来便捷的生活和工作的同时，也带走了人们浓浓的思念之情。生活在当今社会的人们再也不会有“烽火连三月，家书抵万金”的期盼，更难以有“日日思君不见君，共饮长江水”的感慨。

现代通信技术改变了人们的生活方式、推动了社会的进步，而人类不断增长的社会需求也促进了通信技术的发展，科学技术与社会生活正是在这种相互影响和作用过程中不断发展和进步的。

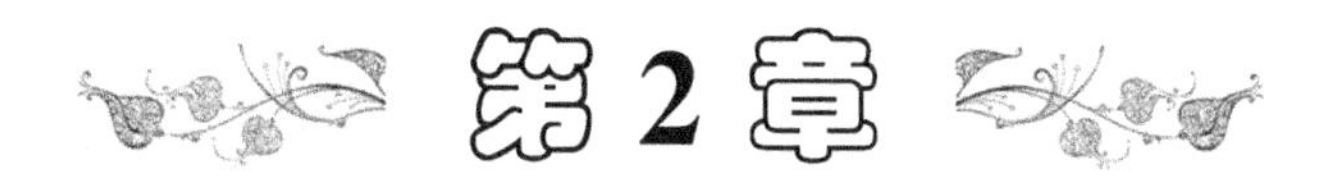

第2章 通信基础知识

2.1 信号的分类及描述

2.1.1 信号的分类

通信的任务就是使用户克服距离上的障碍，迅速而准确地交换信息。信号是信息的载体。在通信过程中，通信系统传输的是信号，这些信号可以代表音视频、文字、图片等信息。信号的分类方法有很多，本节从不同的角度对其进行分类描述。

1. 确定信号与随机信号

自然界中，事物的变化过程分为两类：确定过程与随机过程。用来描述确定过程的信号称为确定信号；同理，随机信号是用以描述随机过程的。确定信号是指能够以确定的时间函数表示的信号，它在定义域内任意时刻都有确定的函数值。例如，正弦函数所描述的交流电信号；电容充放电过程中，其两端的电压值随时间的变化也是一个确定过程。但实际传输的信号往往具有不确定性，这是因为如果通信系统中传输的信号都是确定的时间函数，则接收者就不能获得任何新的信息，这也就失去了通信的意义。此外，在信号传输过程中，不可避免地会受到各种干扰或噪声的影响，这些干扰或噪声都具有随机性。对于随机信号，由于它没有确定的变化规律，所以没有确定的变化形式，即函数表达式。因而只能得到它的统计特性，即在某时刻取某值的概率，通常借助随机信号的统计特性（概率）来描述此类随机信号。确定信号与随机信号之间有着密切的联系，在一定条件下，随机信号也会表现出某种确定性，如音乐表现为某种周期性变化的波形。

2. 周期信号与非周期信号

周期信号是指信号按一定的时间间隔周期性重复，即每隔一定时间 T，信号幅值重复出现一次，T 为信号的周期。例如，通信中常用的载波——正弦信号、方波等，都是周期信号。非周期信号是不具有重复性的信号，也可以理解为它的周期 T 为无限大。

通信中还有一类特殊信号——伪随机信号。通常具有长周期的确定信号可以构成伪随机信号，即从某一段时间来看，这种信号似乎没有规律，但经过很长一段时间之后，信号的波形会严格重复。利用伪随机信号的特点而产生的伪随机码，在通信系统中得到了广泛的应用。例如，最长线性反馈移位寄存器序列，简称 M 序列，已广泛应用于数字通信的误码测试和扩频通信中。

3. 连续信号与离散信号

按照信号参量的取值方式及其与消息之间的对应关系，可将信号划分为连续信号与离散信号。在所讨论的时间间隔内，除若干不连续点之外，对任意时间值都可给出确定函数值的信号，称为连续信号或模拟信号，即信号参量（幅度、频率或相位）随时间或频率呈现连续变化趋势。离散信号在时间上是离散的，只是在不连续的时间上给出函数值。若离散时间信号幅值是连续的，则这种信号称为抽样信号，如图 2.1 所示；若离散时间信号幅值是离散的，就将其称为数字信号。数字信号不仅在时间上离散，而且在幅度取值上也是离散的。图 2.2 所示为幅度值取 1 和 0 两个离散值的二进制数字信号。此外，还有幅度为多个离散值的多进制数字信号。

自然界中的信号可以是模拟的也可以是数字的。例如，人的声道发出的语声、乐器发出的乐声、一天中连续测得的温度等都是模拟信号；而银行定期发布的存款利率、股票市场指数、每年的人口数量、国民生产总值等都是数字信号。通常，模拟信号和数字信号可以通过一定的方法实现相互转换。

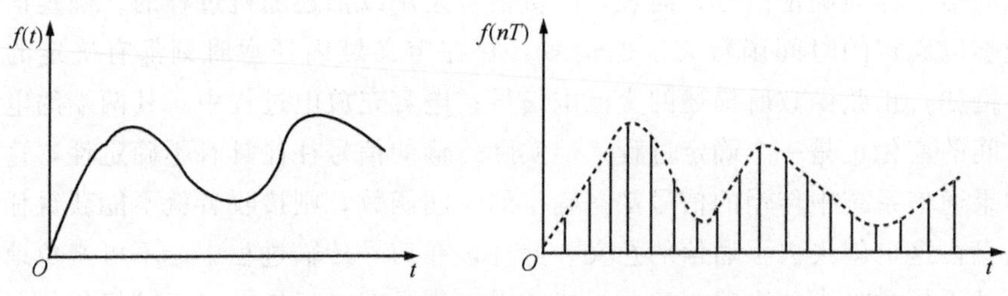

图 2.1 时间连续和时间离散的模拟信号

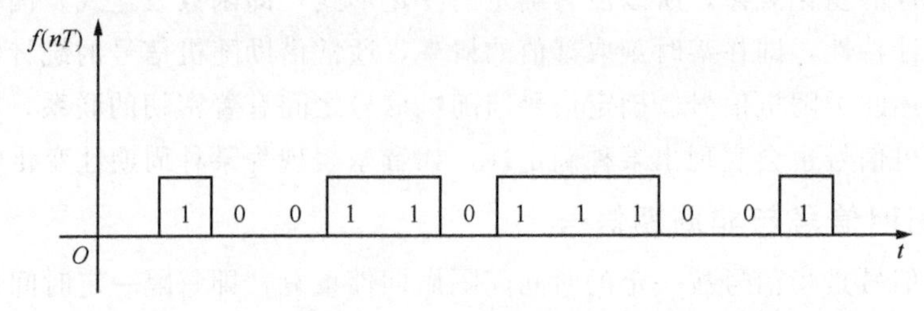

图 2.2 二进制数字信号

2.1.2 信号的时域和频域特性

宋代文人苏轼在《题西林壁》中写道“横看成岭侧成峰，远近高低各不同”。这两句诗说明，对事物的描述需要从多方面展开，每方面的描述仅为人们认识这个事物提供了部分的信息。例如，人们可以用颜色、长度、高度来描述一辆汽车，也可以用排量、品牌、价格来描述它。同理，对于一个信号，也可以表现出不同方面的特性，即时域和频域特性。时域与频域是信号的两个观察面。时域特性以时间轴为坐标，动态地表示信号幅度与时间的关系，即信号强度随时间的变化规律；频域特性以频率轴为坐标，动态地表示信号的方式，即信号是由哪些单一频率的信号合成的，它的自变量是频率，即横轴是频率，纵轴是该频率信号的幅度。信号的幅度与频率之间关系的曲线图也称为频谱图，它描述了信号的频率结构和每个频率信号的幅值大小。一般来说，时域分析较为形象与直观；频域分析则更为简练，剖析问题更为深刻和方便。例如，生活中大家都听过男女声合唱。一般来说，男声较低沉，女声则较尖细。声音的高低与声带的振动频率有关：频率越高，声音越尖，如女声；频率越低，声音越低，如男声。若在时域比较男声和女声的声音信号，可能区别不明显。但是若在频域比较，就一目了然了。男声的频谱位于低频部分，女声的频谱则位于高频部分。

时域是真实世界唯一实际存在的域；频域则是一个通过数学变换从时域构造出来的域。在日常生活中，人们已经习惯于按时间的先后顺序记录发生的事件。无论是二十四节气表还是列车时刻表，都说明了人们习惯用时间来衡量与标记这个世界。再如古代的沙漏、日晷和现代生活中的手表等都是在时域进行计时。如果改用频率进行标记，就如同用二进制进行加法运算一样让人觉得别扭。但是在解决通信中的有些相关问题时，频域分析法能达到事半功倍的效果，因此运用非常广泛。无论是从奈奎斯特采样定理到香农理论，还是从频分复用技术到码分复用技术，以及在解决无线信道资源紧缺问题时，都体现了信号频域分析法的思想。

信号的频域特性之所以重要，是因为它为人们全面认识信号打开了一扇新的窗户。例如，在解决语音信号传输问题时，人们希望在一条传输线上传输多个用户的语音信号，即提高信道的利用率，从而节省线路开销。若在时域内进行分析，人们将无从入手。因为语音信号是一个时间的函数，不同的时间内具有不同的值，用户的通话时间有多长，信号的波形就有多长，似乎没有规律可循。但是如果将语音信号变换到频域，就会发现话音的频率基本上都在300～3400Hz这个频段范围内，这为人们解决信道复用问题提供了便利条件。因此，只要为每路语音信号分配3100Hz的信道带宽，就可以实现一路语音信号的传输（不考虑噪声的影响)。假如一根电缆的带宽为 500MHz (传输介质的带宽要远大于一路信号带宽),则它就可以实现大约 160 路语音信号的同时传输,从而大大提高了信道的利用率。

信号从时域到频域的变换主要通过傅里叶级数和傅里叶变换来实现。周期信号的变换通过傅里叶级数来实现,非周期信号的变换则通过傅里叶变换来实现。

2.1.3 信息的度量

信息是对事物运动状态或存在方式的不确定性的描述。用数学语言来讲,不确定性就是指随机性。因此,可采用研究随机事件的数学工具,即概率来描述不确定性的大小。通常,人们用信息量来衡量信息的大小。信息量与信息出现的概率有关,并与概率成反比。小概率随机事件一旦发生,它所包含的信息量就很大。一般来说,通信系统中所传输的信号都是随机信号,这是由于对于确定性事件,它所包含的信息量为零,所以没有传输的必要。

2.2 通信系统的模型

2.2.1 通信系统一般模型

通信系统是用以描述通信过程中所有设备的总和,它是消息传递和交流的平台,其作用就是将信息从源端发送到目的端。古代,人们有飞鸽传书、烽火狼烟和战鼓传令;今天,电话、电视、通信卫星、互联网等能够将信息传到千里之外。这些看似形态各异的通信系统,其实都包含着相同的通信框架。因此,本节将从固定电话入手,来描述通信系统的整体框架。

拨打电话是人们熟悉的经历,语音信息是如何从一端传到另一端的呢?

现在使用的电话是由贝尔电话演变而来的。最初,贝尔试图用电磁开关来形成开与关的脉冲信号,并以此将声音传递出去。但是,声波的主要频率分布于 300~3400Hz,对于这样高的频率,采用机械式的电磁开关来实现信号的转换显然是行不通的。因为,凡是机械运动必然存在惯性,改变物体的运动方向或运动方式必定需要时间,而设计一个每秒开关 3400 次的机械开关基本是不可能的。贝尔的成功源于一个偶然的发现。在一次实验中,他把金属片连接在电磁开关上,没想到在这种状态下,声音竟奇妙地变成了电流。究其原因,原来是金属片因声音而产生振动,在与其相连的电磁开关线圈中感生了电流。之后,贝尔与他的同事成功地研制了世界上第一台可用的电话机。贝尔电话系统中蕴涵着通信系统的一般模型,如图 2.3 所示。

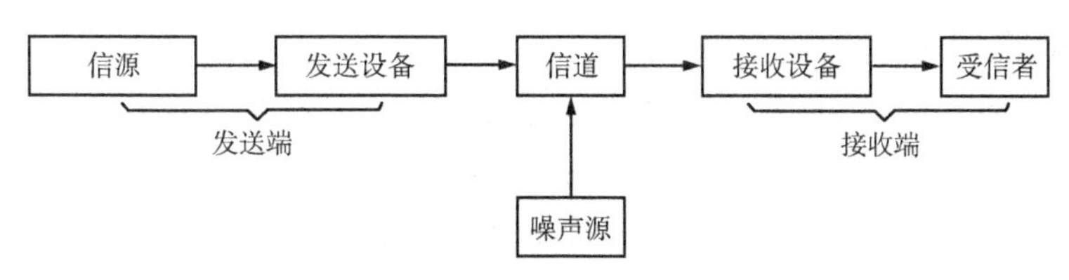

图 2.3　通信系统一般模型

通信系统通常由以下几部分组成。

1. 信源

信源的作用是将各种消息转换成电信号。根据消息的种类不同，信源可分为模拟信源和数字信源。模拟信源输出连续的模拟信号，如话筒、摄像机产生的状态连续的音、视频信号；数字信源则输出离散的数字信号，如计算机数字终端输出状态可数的数字信号。模拟信源可通过抽样和量化变为数字信号。贝尔电话系统中，送话器（话筒）就是将语音信号变为电信号的设备，即信源。

2. 发送设备

发送设备的基本功能是将信源和传输介质匹配起来，即将信源产生的信号变换为便于传送的形式，并送往传输介质。发送设备变换信号的方式有很多种，通常包括放大、滤波、调制等过程，调制是最常见的变换方式。对于多路传输系统，发送设备还包括多路复用器等。

贝尔电话系统中没有提到调制（也没有提到多路电话之间的交换），而这恰恰是现代通信系统中非常重要的环节，这便是贝尔最初发明的电话系统，只能用于短距离（10m 左右）传输的原因了。调制的作用就是将基带信号变成适合在信道中传输的形式，实现信号特性和信道特性相匹配，从而提高信号的抗干扰能力，并且使信号具有足够大的功率，满足远距离传输的需要。因此，调制在实际电话通信中是必不可少的。

3. 信道与噪声

信道是传输信号的通道，它是一种物理介质。信道可以是有线的也可以是无线的，如电缆、光缆和电磁波等。信道既可以让信号通过，也会对信号产生各种干扰。由于传输线不是理想导体，所以会产生噪声，影响信号传输的可靠性。信道的固有特性和干扰直接影响通信系统的质量。图 2.3 中描述的噪声源是信道中的噪声和分散在通信系统各处的噪声的集中表示。另外，发射机或接收机本身也会产生热噪声。在通信系统中，噪声对电信号的传输会产生不利影响，且无法消除。噪声通常是随机的，且形式多种多样，它的出现干扰了信号的传输。一般情况下，影响通信系统性能的主要因素是加性高斯白噪声，通常它是不能忽略的。

4. 接收设备

接收设备的基本功能是完成发送设备的反变换，即进行解调、解码等。对于多路复用信号，接收设备中还包括多路解复用，以实现正确分路的功能。接收设备的主要任务是从带干扰的信号中正确恢复出原始信息。此外，它还要尽可能消除噪声对信号产生的影响。

5. 受信者

受信者也称为信宿，即消息的归宿，是消息传送的目的地。其功能与信源正好相反，可将恢复出来的电信号还原成相应的信息。常见的接收设备有听筒、收音机和电视机等。

图 2.3 描述了一个单向通信系统的组成，但在大多数情况下，信源兼为受信者，通信双方需要随时交流信息，因此要求双向通信，如日常生活中的拨打电话过程。此时，通信双方都要有发送设备和接收设备。如果有两条传输介质，则双方可独立进行信息的收发；若双方共用一条传输介质，则双方必须采用频率或时间分割的方式共享信道资源。

2.2.2 模拟通信与数字通信

按照信道中传输的是模拟信号还是数字信号，可将通信系统分为模拟通信系统和数字通信系统。

1. 模拟通信系统

模拟通信系统是利用模拟信号来传递信息的通信系统，如图 2.4 所示。

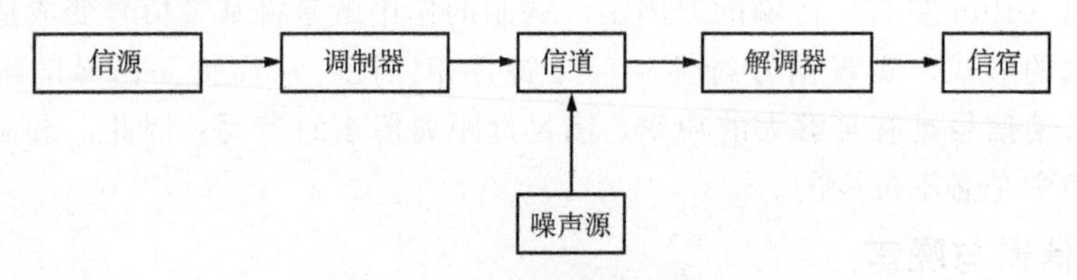

图 2.4 模拟通信系统模型

1）信源与信宿

信源的作用是在发送端将模拟信息变换成电信号；在接收端，由信宿进行相反的变换，恢复出原始的模拟信息。

2）调制与解调

通常情况下，来自信源的信号含有直流分量和较低的频率分量，也称为基带信号或低通信号。基带信号在实际应用中一般不能直接传输（特别是在无线信道条件下）。因此，模拟通信系统中经常需要进行调制，调制就是将基带信号变换成适合在信道中传输的形式，而解调则是调制的反过程，即将信道中传递过来的（频带）信号恢复为基带信号的过程。通常人们将未调制信号（基带信号）称为调制信号，而调制后的信号称为已调信号，完成频带搬移的信号称为载波信号。通信系统中，调制和解调由调制器和解调器完成。调制是通过调制信号控制载波的某个（或某些）参数来实现的。

通信系统的信道一般都属于带通型信号，即信道处于中频段。因此，原始信号与信道不在同一个频段，自然无法实现匹配传输。例如，话音信号的主要频率成分在300～3400Hz，显然直接在无线信道中传输是不可能的。因为无线信道（大气层）对音频信号（10～2000Hz）的衰减是非常大的，而对较高频率范围的信号衰减较小。

通过调制，不仅能将基带信号的频谱搬移到信道通带段或者其中的某个频段上，使基带信号变为适合于信道传输的形式，而且对系统的传输有效性和可靠性有着很大的影响。模拟信号的基带传输就如一个人步行从市中心去位于城郊的火车站，而调制传输就如同乘出租车去火车站，后者的可靠性与效率显然高于前者。经过调制后的信号称为已调信号，它具有三个基本特性：一是携带原始信息；二是适合在信道中传输；三是频谱具有带通的形式，且中心频率远离零频。

调制分为线性调制和非线性调制。线性调制是指将基带信号的频谱搬移到载波频率两侧而成为上、下边带的过程，下边带为上边带的镜像，它们关于中心频率对称；线性调制不改变频谱形状，仅仅是频谱的线性搬移。

常用的线性调制有调幅（amplitude modulation，AM）、抑制载波双边带调制（double side band，DSB）、单边带调制（single side band，SSB）等。线性调制有许多优点：如方法简单；已调信号带宽和原始基带信号相当；可以有效地节省频带资源。其缺点是系统的抗噪声性能差，因此只能应用于传输质量要求不高，且短距离的通信系统，如调幅广播。

图2.5中$m(t)$为原始基带信号，$M(\omega)$为基带信号的频谱；$\cos\omega_c t$是中心频率为ω_c的单频正弦载波；$S_{DSB}(t)$为已调信号或频带信号，$S_{DSB}(\omega)$为已调信号的频谱。$S_{DSB}(\omega)$是$M(\omega)$以ω_c为中心的线性搬移。图中阴影部分频谱称为上边带，白色为下边带，它们关于$\omega=\pm\omega_c$轴对称。

非线性调制是指用基带信号改变载波的相位，即让载波的相位随着基带信号的变化而变化的调制，故非线性调制也称角度调制。常见的非线性调制有调频（frequency modulation，FM）和调相（phase modulation，PM）。非线性调制最大的优点就是已调信号具有较高的抗干扰能力，尤其是调频方式，其缺点是已调信号占用的带宽较宽。所谓鱼和熊掌不可兼得，非线性调制较高的抗干扰能力是以牺牲信道带宽为代价的。调频技术已广泛应用于高质量无线通信系统中，如调频广播、卫星通信等。

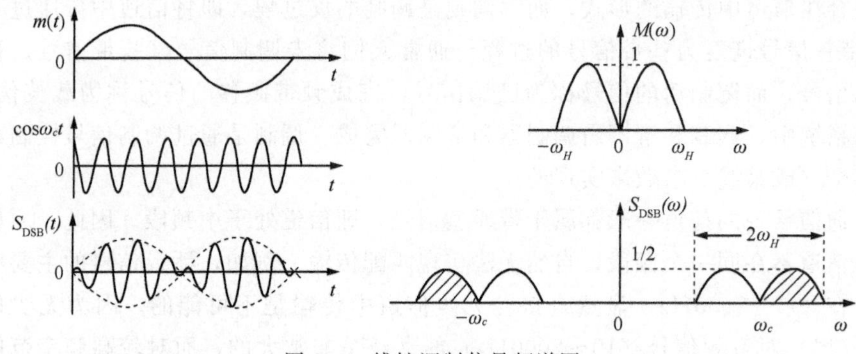

图 2.5　线性调制信号频谱图

由此可知，非线性调制与线性调制本质的区别在于：线性调制不改变信号的原始频谱结构，而非线性调制改变了信号的原始频谱结构，并且占用的带宽较宽。

需要指出，实际通信系统中除了调制，还有滤波、放大等过程，但这些过程仅用来改善信号特性，而不会使信号发生质的变化。因此在模拟通信系统中，起主要作用的就是调制。

模拟通信的优点是信号占有频带比较窄，频带利用率较高；缺点是抗干扰能力差，保密性不强，且设备元器件难以大规模集成。模拟通信在历史上曾经占有过主导地位，如广播电话系统、第一代移动通信系统。随着超大规模集成电路工艺的成熟，以及计算机和数字信号处理技术的快速发展，大部分的模拟通信系统已被数字通信系统取代。

2. 数字通信系统

当两个人面对面交谈时，在没有外界干扰的情况下，是很容易听到对方声音的；若两个人在一个嘈杂的环境下，只要相距 50m 以上就无法进行正常交流了。模拟信号的传输也存在同样的问题。由于受到外界干扰，模拟信号在传输过程中总能量会严重损失，信号本身也会发生畸变和衰减。因此模拟信号在传输时，每隔一定的距离就要通过放大器来增大信号的强度，与此同时，由噪声引起的信号失真也随之增大。当传输距离增大时，多级放大器的串联会引起失真的叠加，从而使信号的失真越来越严重。为了克服模拟通信系统噪声累积的问题，数字通信应运而生。

信道中传输数字信号的通信系统称为数字通信系统。与模拟通信相比，数字通信有许多优点。首先，数字通信抗干扰能力强。信道噪声或其他干扰会造成接收信号的错误，而数字通信的码流只有高、低两个电平，因而较容易区分。同时，采用差错控制编码技术可以有效地降低接收信号的差错率，提高传输可靠性，这一点在长距离通信时尤其重要；其次，数字传输允许对信号进行再生处理，这样就可以消除噪声的累积，提高传输可靠性。而模拟通信系统中，噪声会随着模拟信号电平的放大而逐次累积。此外，数字信号还具有智能化、易存储、易于集成化、便于加密、高速、大容量，以及便于与各种数字终端连接等优点，因此已成为当今通信领域的主流技术。当然，数字通信也有缺点，如信号占用的信道带宽较宽，且频带利用率较低等。但是，随着科技的发展，光纤的诞生为数字通信提供了大容量、高质量的信道带宽，也为宽带数字通信提供了保障。

根据信道中传输的是数字基带信号还是数字调制信号，可将数字通信系统进一步细分为数字基带传输系统和数字频带传输系统。图 2.6 所示为数字频带传输系统模型，如果将图中的数字调制器和数字解调器去除，便是数字基带传输系统。

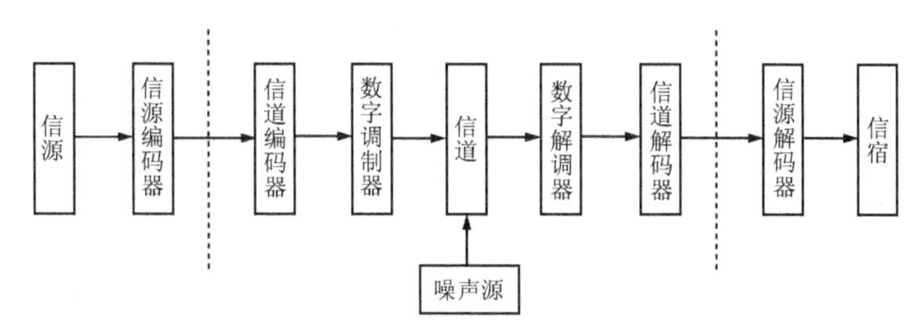

图 2.6　数字频带传输系统模型

图 2.6 中与模拟通信系统相同的模块，其功能也基本相同，这里不再赘述。而仅对不同部分加以介绍。

1）信源编码与解码

信源编码包含两层含义：模/数（analog/digital，A/D）转换和压缩编码。自然界中的信号基本都是模拟的，如语音、图像、视频信号等。数字通信第一步就要解决模拟信号数字化问题，即将模拟信号变为数字信号，这一过程称为模/数转换。

另外，模拟信号经过模/数转换后，其数据量会大大增加，大约是原始模拟信号的几十倍甚至几百倍。如果将其直接传输，将会占用大量的信道传输带宽，从而降低信号传输的有效性。压缩编码技术可以有效解决数字传输有效性低的问题。信源编码的目的是在尽可能保证通信质量的前提下，减少数字信号的数码率，从而有效利用信道资源。信源解码是编码的反过程，此处不再赘述。

脉冲编码调制（pulse code modulation，PCM）是一种常用的将模拟信号数字化的编码技术，特别适用于模拟音频信号数字化。PCM 主要经过三个过程：抽样、量化和编码。抽样是将连续时间模拟信号变为离散时间、连续幅度的抽样信号；量化是将抽样序列变为离散时间、离散幅度的数字信号；编码是将量化后的序列表示成二进制码组输出。

(1) 抽样。

抽样就是在时间上将连续信号离散化的过程，抽样一般按均匀的时间间隔进行，这种抽样称为均匀抽样。

早在 20 世纪 20 年代，美国物理学家奈奎斯特（Nyquist）发现这样一个规律：如果对模拟信号以规则时间间隔抽样，且抽样速率是模拟信号中最高频率的两倍，则所得样本信号能够精确表示原始模拟信号。抽样定理用公式表示为

$$f_s \geqslant 2f \tag{2.1}$$

式中，f_s 为抽样频率；f 为被抽样信号的最高频率。

在语音通信中，话音频率的正常范围是 300～3400Hz，为了使这个频率范围内的信号能够顺利地进行数字传输，按照奈奎斯特定理，应至少使用两倍于 3400Hz 的信号频率对语音信号进行抽样，这意味着每秒对语音信号抽取 6800 个样值。

在实际的抽样中，为了避免产生折叠噪声，从而影响模拟信号的恢复，系统会为每个用户预留一定的防卫带宽。这就是为什么在实际的电话系统中，抽样频率为 8kHz 而不是 6.8kHz，其中 1.2kHz 就是系统为每个用户预留的防卫带。此外，为了保证抽样的精确性，在模/数转换前要让信号先经过一个前置滤波器，其作用是获得 300～3400Hz 的语音信号，并滤除带外噪声。

根据不同的音频信源和应用目的，可采用不同的抽样频率，如 8kHz、11.025kHz、22.05kHz、16kHz、44.1kHz、48kHz 等都是典型的抽样频率值。

(2) 量化。

连续时间的离散化通过抽样实现，而连续幅度的离散化则通过量化来实现。即将信号的强度划分成段，如果幅度的划分为等间隔，称为线性量化，否则称为非线性量化。

量化的层次或者量化阶梯（简称量阶）越多，声音的真实性就越强。但是量化阶梯越大，数字信号的数码率也会变大，所占用的带宽资源也会变大，从而增加系统开销。在实际应用中，应根据需要设定量化阶梯。通常情况下，量化和编码都是同时进行的。

(3) 编码。

编码指用二进制数来表示每个抽样的量化值。如果量化是均匀的，又采用二进制数来表示，这种编码方法就是 PCM，这是一种最简单、最方便的编码方法。

ITU 规定，语音信号的抽样频率是 8000Hz，对抽样后的样值序列的幅度值按照 256 个量阶进行量化，每个量化值都用一组 8bit（1B）的二进制数来表示（如 01000110；从 00000000 到 11111111 正好是 256 个量阶）。此时，一路数字化后的语音信号的数码率为 8000×8＝64Kb/s。通常情况下，数码率为 64Kb/s 的数字基带信号占用的带宽为 64kHz，与一路模拟话音信号（带宽为 3.1kHz）相

比，带宽增加了约21倍，因此需要较大的带宽资源。研究发现，经PCM抽样后的样值序列间有较强的相关性，这就为压缩编码技术的使用带来了可能，一种有效的办法是采用差分脉冲编码调制（differential pulse code modulation，DPCM）。由于语音信号抽样值的相关性，即如果前一个抽样值较小，则下一个抽样值较小的概率就很大，所以对抽样值进行差分运算后，其值较小的概率就很大。因此，用4bit码就可满足接收端话音质量的要求了。此时，每路数字化语音信号的带宽为32Hz，从而有效地压缩了信号带宽，节省了信道资源。

2）信道编码与解码

信道编码的目的是增强数字信号的抗干扰能力，提高信息传输的可靠性。信号在传输过程中，由于受到各种噪声的干扰，传输的数据流产生误码。误码率的增加意味着通信质量的降低。例如，如果视频传输中出现误码，就会使视频画面出现马赛克、跳跃等现象。信道编码就是对数字信息码流进行处理，使其具有一定的检错、纠错能力，从而提高通信系统传输的可靠性。信道编码的原理是在数据码流（信源）中加插一些码元，这些码元称为监督码。在接收端对信号进行解码时，监督码可以对信号进行检查或纠错，从而保证信息的可靠传输。然而，监督码的插入会导致编码后码流的增加，使得信号的带宽增加，降低系统的有效性。例如，现有一批玻璃杯（玻璃杯为待传输数字信号）需要从北京发往上海，为了保证玻璃杯在运输途中不被损坏，通常都会用一些泡沫或海绵等物将玻璃杯包装起来（这一过程相当于信道编码）。但这层包装会使玻璃杯占的体积变大，假如原来一节车厢能容纳6000个玻璃杯（相当于信道容量），经包装后一节车厢就只能容纳5000个了。显然加了这层包装，运输的可靠性提高了，但是运送玻璃杯的有效个数却减少了，即运输效率降低了。相应地，在带宽一定的信道中，能够传输的总信息码率是一定的，由于信道编码增加了数据量，所以只能以降低传输的有效性为代价来满足可靠性的要求。这就是通信中有效性与可靠性之间的辩证关系。接收端的信道解码器按相反的规则进行解码。常用的信道编码处理技术有奇偶校验、卷积编码、交织技术等。

如果接收端发现接收到的信息是错误的，将如何纠错呢？通信系统中一般有3种纠错方式。

（1）检错重发。如果接收端在接收到的码流中发现错码，就立即通知发送端并要求重发，直到正确接收。

（2）前向纠错。接收端不仅能在接收到的码流中发现错码，而且能够纠正错码。

（3）反馈校正。接收端将接收到的码流反馈给发送端，并与原码流进行比较。如果发现错误，则发送端再进行重发。

下面举例说明信道编码的过程。例如，天气预报中晴天、多云、阴天和雨天

4种天气，原本可以用2bit编码，分别用00、01、10和11来表示这4种天气。如果在传输过程中码字出现了错误，则接收端是无法判断的，如代表晴天的码字00在传输中由于干扰变成了01，则接收端会误以为接收到的是代表多云的码字01。

为了提高系统的抗干扰性，可以用3bit编码，即分别用000、011、101和110来表示晴天、多云、阴天和雨天4种天气，其中最高位为监督位，低2位为信息位。采用这种编码的特点是任意两组码字都有两位是不同的，因此当接收到错误的码字时，能够将错误检出，如代表晴天的码字000在传输中由于干扰变成了001或010，则接收端会发现在编码表中没有这两个码字，说明传输过程中出现了错误。

3）数字调制与解调

由于大多数实际信道具有带通传输特性，所以具有丰富低频成分的数字基带信号是不能通过这些带通信道直接传输的，必须将数字基带信号的频谱变为适合信道传输的频谱后，才能送入这类信道传输，在接收端再将变换后的信号还原为基带信号。这种使数字基带信号的频谱搬移至适当频谱位置的过程称为数字调制。而在接收端将已调信号的频谱还原为数字基带信号频谱的过程称为数字解调。

数字调制与模拟调制一样，都是采用正弦高频信号作为载波，可用数字基带信号对载波的幅度、相位或频率进行控制，使载波的幅度、相位或频率参量随基带信号的变化而变化。常用的数字调制有幅度键控（amplitude shift keying，ASK）、频移键控（frequency shift keying，FSK）和相移键控（phase shift keying，PSK）三种基本形式。与模拟调制类似，数字调制的目的也是实现数字信号的可靠传输。此外，改进后的数字调制还有利于压缩信号频带，提高信道的利用率，如GSM中常用的高斯最小频移键控（guassian minimum shift keying，GMSK）和4G的关键技术——正交频分复用（orthogonal frequency division multiplexing，OFDM）技术。

2.2.3 数字复用技术

如果不考虑成本问题，每传送一路信号都用一条线路，则只要将编码格式确定下来似乎就万事大吉了。但实际情况是随着用户数的增加，人们需要在一条线路上传送多路信号，以提高通信线路的利用率。因此，复用和解复用技术就应运而生了。复用的本质就是使多个信源共同使用一条物理通道，并且使这些信源共同分享信道资源，相互之间避免发生冲突，从而各自安全到达目的地。如前面所述，语音信号的抽样频率是8000Hz，则抽样周期是125μs（为抽样频率的倒数），也就是说，每隔125μs，抽取一个模拟信号的样值，并将其编成8位二进制码，形成一路PCM话音信号的数据。若想实现多路话音信号的复用，一种合理的方案就是在这125μs时间内，再挤进来其他线路的8位PCM码。然后将这个复用后的信号放在一条线路中传输，即实现了一条线路同时承载多路语音信号的目的。

为了便于理解数字复用技术，举一个生活中的例子加以说明。假设老年公寓的服务人员小张要给10位没有自理能力的老人喂饭，如果按照先给第一位老人喂饭，然后再给第二位老人喂饭，直至最后一位的方式，则最后一位老人需要等待很长时间才能吃上饭，不利于老人的身体健康。较为合理的方式为：先给第一位老人喂第一口饭，接着再给第二位老人喂第一口饭，直至最后一位；然后再给第一位老人喂第二口饭，接着给第二位老人喂第二口饭，直到整个喂饭过程完成。采用这种服务方式，能使每一个老人都能及时吃上饭，避免了部分老人长时间的等待，相对来说是较为公平、合理的。通信中的时分复用技术原理与此类似，只是通信中的时分复用是通过时间帧来传送信号的。此外，通信中还有频分复用（frequency division multiplexing，FDM）、码分复用（code division multiplexing，CDM）、波分复用（wave division multiplexing，WDM）等复用技术。

2.2.4 数字同步技术

数字通信系统中传送的是数字化的脉冲序列。这些数字信号流在数字交换设备之间传输时，其速率必须完全保持一致，才能保证信息传送的准确无误，称为同步。这就像一个交响乐团，只有在统一指挥下，才能演奏出美妙和谐的音乐。另外，为了提高通信效率，满足信息传输实时性的要求，通常会将来自不同用户终端的低速数据流复接成高速数据流，再送入高质量信道（如光纤）中传输。当速率不同的低速分路信号直接复用成高速合路信号时，会在高速合路信号中产生码元的重叠错位，使接收端无法正常分接、恢复低速分路信号。因此，速率不同的低速分路信号不能直接复用，需要在复用之前对各分路信号速率进行统一的调整，使各分路信号速率达到同步。数字传输系统中有两种数字同步传输体系，一种称为准同步数字体系（plesiochronous digital hierarchy，PDH），另一种称为同步数字体系（synchronous digital hierarchy，SDH）。

早期的电信网中多使用PDH设备，它对传统的点到点通信有较好的适应性。PDH的同步是通过在数字通信网的每个节点分别设置高精度时钟来实现的，这些时钟信号具有统一的标准速率。尽管每个时钟的精度都很高，但总还有一些微小的差别。为了保证通信的质量，要求这些时钟的差别不能超过规定的范围。因此，这种同步方式严格来说不是真正的同步，所以称为“准同步”。PDH设备作为一种实效、经济的产品，已成为解决边缘网络最后1km传输的宠儿。但是，随着网络发展和用户需求的变化，传输网络边缘的业务接口需求种类日益增加，如何更有效、合理地利用网络及其带宽资源，已经成为现代通信追求的目标。传统的“PDH＋协议转换”的方法，除了受机房条件、建设成本制约，还会产生网络安全管理和业务调度分层等新问题，因此不能适应现代通信的需求。再者，随着数字通信技术的迅速发展，点到点的直接传输越来越少，大部分数字传输都需要经过转接才能实现，因而PDH系列便不能满足现代电信业务开发和现代化电信网管理的需要。SDH就是为了适应这种新的需要而出现的传输体系。SDH的概念由美国贝尔通信实验室提出，称为光同步网络（synchronous optical network，SONET)，它是高速、大容量光纤传输技术和高度灵活、便于管理控制的智能网技术的有机结合。SONET最初的目的是在光路上实现标准化，以便于不同厂家的产品能在光路上互通，从而提高网络的灵活性。1988年，国际电报电话咨询委员会（ITU前身）接受了SONET的概念，重新将其命名为SDH，使之不仅适用于光纤传输，也适用于微波和卫星传输的技术体制，并且使其网络管理功能大大增强。

SDH技术与PDH技术相比，具有如下优点。

(1) 具有统一的比特率，统一的接口标准，为不同厂家设备间的互连提供了可能。

(2) 网络管理能力大大加强。

(3) 提出了自愈网的概念。用SDH设备组成的带有自愈保护能力的环网形式，可以在传输媒体主信号被切断时，自动通过自愈网恢复正常通信。

(4) 采用字节复接技术，使网络中上下支路信号变得十分简单。

(5) 灵活的复用映射结构，使各种业务更加便捷。

(6) 能容纳各种新的业务，如宽带综合业务数字网（broadband integrated services digital network，B-ISDN)、异步传输模式（asynchronous transfer mode，ATM）等。

(7) 帧结构中安排了丰富的开销比例，使网络的操作维护管理功能大大加强，因而便于集中统一管理，节约了维护费用的开支。

SDH的这些优点使之成为实现信息高速公路的基础技术之一。但在与信息高速公路相连接的支路和岔路上，PDH设备仍有用武之地。

2.2.5 交换技术

通信的目的是在信源和信宿之间传送信息。信源和信宿对应的是各种通信终端，若要进行通信，就需要在信源与信宿之间搭建一条通信链路。例如，两个人要想通话，最简单的方式就是各拿一个话机，用一条通信线路连接起来。当存在多个终端，而且希望它们中的任何两个都可以进行点对点的通信时，最直接的方法是将所有终端两两相连，这样的连接方式称为全互连式。全互连模式下需要的连线数为 $C_N^2 = N(N-1)/2$ 条。现以 5 部电话机的连接为例，若要求 5 个用户两两都能通话，则需要总链路数为 10 条，如图 2.7（a）所示。当终端数目较少且地理位置相对集中时，还可以采用这种全互连式。如果用户数量增多，全互连式需要的链路数量就会迅速增多，将导致布线方面的投资进一步增加。例如，如果有 10000 个用户之间实现全互连，则需要 $C_{10\,000}^2 \approx 5000$ 万条链路。这种连接方式还有一个缺点，就是每新增一个用户终端，都需要与前面已有的所有终端进行连线，因此工程量十分浩大。此外，每次通话时用户还要考虑对方终端的连接情况，因此这种连接方式在实际操作中没有可行性。

为了解决通信网中用户互连的问题，人们很自然地想到在用户密集的中心安装一个设备，将每个用户的电话机或其他终端设备都用各自专用的线路连接在这个设备上。此设备相当于一个开关节点，平时处于断开状态。当任意两个用户之间交换信息时，该设备就将连接这两个用户的有关节点合上，这时两用户之间的通信线路就连通了。当两用户通信完毕后，才将相应的节点断开，这时两用户之间的连线就断开了。该设备的作用主要是控制用户之间连接的通断，类似于普通的开关，所以称为交换设备（或交换节点）。交换是通信网中负责在信源和目的终端之间建立通信信道、传送信息的机制。如图 2.7（b）所示，若 5 部电话机采用交换设备连接，则仅需要 5 条线路即可。通过交换设备，使得多个用户终端的通信成为可能。

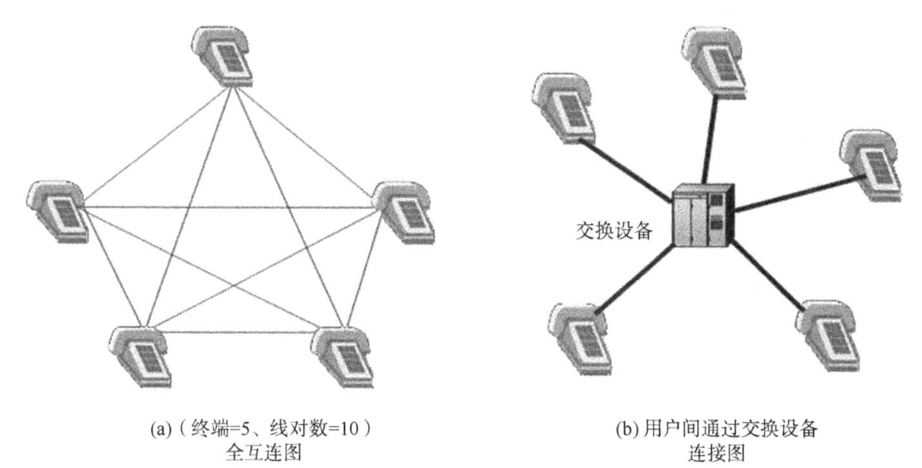

(a)（终端=5、线对数=10）
全互连图

(b) 用户间通过交换设备
连接图

图 2.7　5 用户通话网络模型

2.3 通信系统的分类与性能度量

2.3.1 通信系统的分类

通信系统有多种分类方法，可以按通信业务和用途、调制方式、传输信号的特征、传送信号的复用和多址方式、传输介质、工作波段以及信息传输方式等进行分类。

1. 按通信业务和用途分类

根据通信的业务和用途不同，可将通信系统分为常规通信和控制通信。其中常规通信又可分为话务通信和非话务通信。话务通信主要是以电话服务为主，如程控数字电话交换网络，其主要功能是为用户提供电话通信服务。非话务通信主要承担分组数据业务、计算机通信、传真、视频通信等。在过去很长一段时期内，由于电话通信网最为发达，其他通信方式往往需要借助于公共电话网进行传输，如早期的非对称数字用户线路（asymmetric digital subscriber line，ADSL）拨号上网业务。控制通信主要包括遥测、遥控等，如卫星测控、导弹测控、遥控指令等都属于控制通信的范畴。

2. 按调制方式分类

根据系统中传输的是原始基带信号还是频带信号，可以将通信系统分为基带传输和调制传输。基带传输是将未经调制的原始信号直接传输，如音频市内电话(用户线上传输的信号）和数字信号基带传输等。频带传输是对基带信号调制后再将其送到信道中传输。调制的目的是使信号具有较强的抗干扰能力。

3. 按传输信号的特征分类

根据信道中所传输的信号是模拟信号还是数字信号，可以相应地将通信系统分成两类，即模拟通信系统和数字通信系统。数字通信在近几十年获得了快速发展，现已成为当今的主流通信系统。

4. 按传送信号的复用和多址方式分类

通信系统容量主要由传输介质——信道决定。可以将信道看成一种资源，人们希望能在有限的信道资源内传输多路信号，以提高通信系统的传输效率。复用是指多路信号利用同一个信道进行独立传输的方式，可以有效地节省频带资源，扩大通信系统容量。复用技术对于通信，特别是信道资源十分紧缺的无线通信意义重大。目前，应用较多的复用方式有 FDM、时分复用（time division multiplexing，TDM）、CDM 和 WDM。FDM 是将信道可用的频带分成若干份，每份子频带用于传输不同用户的信息；TDM 是将时间作为一种资源，使不同用户信号分别占据不同的时间片断进行传输；CDM则是用不同的正交码组区分不同的用户信息，以达到多用户共用同频段信道资源且互不干扰的目的；WDM系统允许在一根光纤中同时传输多个波长的光信号，从而成倍地提高光纤的传输容量，现已广泛地应用于光纤通信中。

5. 按传输介质分类

按照传输介质的类型不同，通信系统可以分为有线通信系统和无线通信系统两大类。有线信道包括架空明线、双绞线、同轴电缆、光缆等。使用架空明线的通信系统主要有早期的载波电话系统。双绞线主要用于电话、计算机局域网通信等。同轴电缆广泛用于微波通信、程控交换系统以及设备内部和天线馈线中。光缆主要应用于大容量、高质量、长距离的通信场合，如家庭宽带、海底光缆的铺设。无线通信通过携带信息的电磁波在空间的传播，以达到传递信息的目的，如短波电离层传播、微波视距传输等。

6. 按工作波段分类

在无线通信中，按照通信设备的工作频率或波长的不同，可分为长波通信、中波通信、短波通信和微波通信等。

7. 按信息传输方式分类

在简单的点对点通信模式下，按信息传输方式来分，主要有三种通信方式，即单工通信、半双工通信和全双工通信。

(1) 单工通信。单工通信是指消息只能朝单方向进行传输的通信方式，如遥控、遥测、广播、电视等。单工通信的信道是单向信道，发送端和接收端的身份是固定的，发送端只能发送信息不能接收信息，接收端只能接收信息不能发送信息。单工通信中数据信息仅从一端传送到另一端，即信息流是单方向的。根据收发频率的异同，单工通信可分为同频通信和异频通信。

(2) 半双工通信。半双工通信方式可以实现双向的通信，但不能同时在两个方向上进行，必须轮流交替地进行。也就是说，通信信道的每一端都可以是发送端，也可以是接收端。但在同一时刻，信息只能有一个传输方向，如早期的对讲机、步话机通信等。

(3) 全双工通信。全双工通信允许信息同时在两个方向传输，所以又称为双向同时通信，即通信的双方可以同时发送和接收数据。在全双工方式下，通信系统的每一端都设置了发送器和接收器，因此能控制数据同时在两个方向传送。全双工方式不需要进行方向的切换，因此没有切换操作所产生的时间延迟。现代通信中大多数系统都支持双工通信，如固定电话、移动通信和互联网通信等。

简单来说，单工就像是交通系统中的单行道；半双工就好比独木桥；全双工就是来回可对行的双车道。需要注意的是，通信的方向是指两个网络节点设备之

间的数据流方向，并不是指管线本身的数据流方向。

8. 按传送的比特数分类

在现代通信网络或计算机网络中，传输的往往是数字信息，因此也称为数据通信，数据通信是计算机和通信线路结合的通信方式。数据通信中，按照每次传送的比特数不同，可将通信方式分为并行通信和串行通信。

(1) 并行通信。并行通信是指按字节（byte）发送数据，即系统允许同时传送多位二进制数据。因此，从发送端到接收端需要多根传输线。并行通信的优点是传输速度快、处理简单；缺点是线路开销大、协议复杂、难以控制。并行方式主要用于近距离通信，如计算机内部的数据通信通常以并行方式进行。

(2) 串行通信。串行通信是指按位（bit）发送数据，即每次只传送 1bit 数据。因此，从发送端到接收端只需要一根传输线。串行方式虽然传输效率低，但协议简单、线路成本低，因此适合于远距离传输信息。串行通信广泛应用于网络通信中，如公用电话系统的数据传输。

2.3.2 通信系统的性能度量

通信系统的质量通常用有效性和可靠性来衡量。有效性是指在给定信道内能传输信息容量的多少，描述的是信息传输的效率问题。可靠性是指接收信息的准确程度，主要描述信息传输的质量问题。有效性和可靠性通常是一对矛盾指标。一般情况下，增加系统的有效性，势必导致可靠性的降低，反之亦然。在实际应用中，通常依据系统的要求采取折中的办法，即在满足一定可靠性指标下，尽量提高信息的传输速率，即有效性；或者在保持一定有效性的条件下，尽可能提高系统的可靠性。

对于模拟通信系统，系统的有效性可用有效传输带宽来度量，即传输同样的信息，占用的频带宽度越窄，其有效性越好；模拟通信系统的可靠性可用接收端的输出信噪比（或均方误差）来衡量：信噪比越大，通信质量越高。对于数字通信系统，系统的有效性和可靠性可用接收端信息传输速率和误码率来衡量。

2.4 通信中的传输介质

2.4.1 信道与信道带宽

信道是指传输信号的通道，它是通信系统的物理传输介质，也是通信系统必不可少的组成部分。信道是连接发送端和接收端的通信设备，可将信号从发送端传送到接收端，从而完成通信任务，因此信道特性的优劣直接影响通信系统的性能。现代通信网中，作为传输链路的信道可连接网络节点的交换设备以构成通信网络。

信道带宽是指信道承载信息传输的能力。任何一种物理介质都有频谱，也就是说，不同频率的信号在同一物理介质中传播，其穿透过程和结果是不一样的。另外，同一频率的信号，在不同的物理介质中传输，其过程和结果也是不一样的。物理介质允许通过的信号频率范围称为信道带宽。

带宽在模拟通信系统中表示信道允许的频率范围，单位为赫［兹］（Hz）；在数字通信系统中表示信道允许的数据流频率，单位为 b/s。例如，对于一条带宽为 80Kb/s 的数字通信信道，如果实际传输的数据流为 50Kb/s，就好比在一条 8 车道的高速公路上，只有 5 辆汽车通过。

两根标识着“100M”和“1000M”的光缆表示它们承载信息的容量是不同的，即这两根光缆的信道带宽是不同的。信道带宽是一种资源，带宽越宽，表示其传输信息的能力就越强，反之亦然。就好比高速公路的路面越宽，每秒钟允许通过的车辆就越多。通信中，人们希望尽可能地减少信道带宽的开销，提高传输的有效性。

2.4.2 有线信道和无线信道

按传输介质的不同，信道可以分为有线信道和无线信道两大类。有线信道包括明线、对称电缆、同轴电缆和光缆等。无线信道可利用的频段从中波、长波到激光，不同频段的信道，其传播特性也不相同，因而需利用不同性能的设备和配置方法与之相应，从而构成不同的通信系统。本书所讨论的短波、微波中继、卫星和移动通信系统均是信道为无线的通信系统。

2.4.3 信道中的噪声

信道中不需要的电信号统称为噪声。通信系统中即使在没有传输信号时也有噪声，噪声永远存在于通信系统中。由于噪声是叠加在信号上的，所以有时将其称为加性噪声。噪声对于信号的传输是有害的，它使得模拟信号产生失真，使数字信号发生错码。噪声按照来源分类，可以分为人为噪声和自然噪声两大类。人为噪声是指由人类活动产生的噪声，如电钻和电气开关瞬态造成的电火花、汽车点火系统产生的电火花、荧光灯产生的干扰、电台和家用电器产生的电磁波辐射等。自然噪声是指自然界中存在的各种电磁波辐射，如闪电、大气噪声以及来自太阳和银河系的宇宙噪声等。此外，还有一种很重要的自然噪声，即热噪声。热噪声来自电阻性元器件中电子的热运动，如导线、电阻和半导体器件等均会产生热噪声。热噪声无处不在，不可避免地存在于电子设备中。人们在讨论通信系统的传输性能时，必须考虑信号通过通信系统时噪声的干扰作用。

与有线传输相比，信号在无线信道中受到的干扰要大得多，因此需要采用复杂的编码方法来抑制噪声干扰，以便完成可靠通信。

2.4.4 信道容量

对于实际的有噪信道，信道容量可以根据著名的香农定律计算，在信号平均功率受限的高斯白噪声信道中，信道的信道容量为

$$C=B\mathrm{lb}\left(1+\frac{S}{N}\right)\ (\mathrm{b/s}) \qquad (2.2)$$

式中，C 为信道容量；B 为信道带宽；S 为信号的功率；N 为信道中加性高斯白噪声的功率；S/N 为平均信号噪声功率比，简称信噪比；lb 为 $\log_2$。

由香农公式，可以得到以下结论。

(1) 信道的带宽越大，则信道的信道容量越大，但增加信道带宽并不能无限制地使信道容量增大。当噪声为高斯白噪声时，噪声的单边带功率谱密度为 n_0，则噪声功率 $N=Bn_0$。随着信道带宽的增大，噪声功率也增大，有

$$\lim_{B\to\infty}C=\lim_{B\to\infty}B\mathrm{lb}\left(1+\frac{S}{Bn_0}\right)=\frac{S}{n_0}\lim_{B\to\infty}\frac{Bn_0}{S}\mathrm{lb}\left(1+\frac{S}{Bn_0}\right)=\frac{S}{n_0}\mathrm{lb\,e}=1.44\frac{S}{n_0}$$

由此可见，即使信道带宽无限增大，信道容量仍然是有限的。

(2) 信道中信噪比越大，则信道容量越大。

(3) 当信道中信噪比小于1时，信道容量并不等于零。这说明信道仍然有信息传输能力。

(4) 在保持信道容量不变的条件下，信道带宽与信噪比的作用可以互换。

香农在著名的《通信的数学理论》论文中还提出了另一个十分重要的结论：若信道容量为C，消息源产生信息的速率为R，只要 $C\geqslant R$，就总可以找到一种信道编码方式实现无失真传输；若 $C<R$，则不可能实现无失真传输。这一结论为信道编码指明了方向。

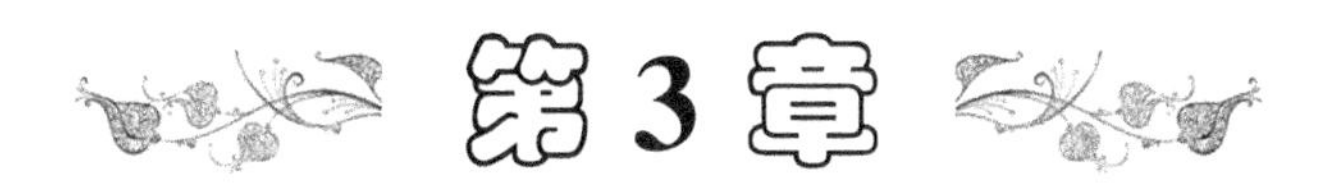

第3章

电话网通信

电话网通信是指利用电话网实现通信的方式。电话网的基本任务是提供两个电话终端通信的链路，并完成信息传输和信息交换，为终端提供良好的语音服务。公共交换电话网（public switched telephone network，PSTN）是世界上最早建立，也是最大的陆地通信网络。自1876年电话问世以来，电话网通信已经成为人们日常生活工作中应用最广泛的信息传输方式。

3.1 PSTN

3.1.1 PSTN概述

PSTN是以电路交换为信息交换方式的模拟通信网络。如今，除了用户端机到本地总机之间的连接线上传输的是模拟信号，PSTN在技术上已经实现了数字化。PSTN以电话业务为主，同时也提供传真等简单的数据业务和窄带多媒体业务。此外，随着互联网的繁荣，在众多的广域网（wide area network，WAN）互连技术中，PSTN也发挥着巨大的作用。互联网与PSTN的关系非常密切，互联网服务供应商只需付给PSTN一定的费用，就可使用PSTN的长距离基础设施，实现众多互联网用户之间的信息交换。

作为国家基础电信网络设施，PSTN具有方便、易用的优点。目前，PSTN基本上实现了建筑楼宇的全网覆盖，因此相对于其他通信网，用户通过PSTN进行互连所需的通信费用较低。PSTN的缺点是用于数据通信时传输速度较低，且网络的资源利用率也较低。由于PSTN是基于电路交换方式的网络，即一条通路自建立直至释放的过程中，其全部带宽仅能被通路两端的设备（或用户）使用，即使它们之间并没有任何数据需要传送。因此，这种电路交换的方式不能实现对网络带宽的充分利用，会造成线路资源的浪费。尽管如此，由于PSTN覆盖范围广、网络成本低，其普及程度远远超过综合业务数字网（integrated services digital network，ISDN）等其他数字网络。因此在很长一段时间里，对于许多用

户，特别是规模和业务量大的企业用户，PSTN 仍是较为经济实用的选择。

3.1.2 PSTN 的基本结构

PSTN 由话机、交换机和它们之间的线路组成。一个典型的 PSTN 主要由以下几部分组成。

(1) 用户终端。也称为用户环路，是与用户直接连接的部分，它包括电话机、传真机等终端，以及用于连接它们与交换机的一对导线。用户终端的基本任务是将从用户电话机发出的呼叫集中，并将模拟话音信号变成数字话音信号，然后送到数字交换网络中去。目前，用户终端已基本实现数字化、多媒体化、智能化和宽带化。

(2) 传输系统。以有线（电缆、光缆）为主，无线（卫星、无线电）为辅，有线和无线交替使用。传输系统也已经由 PDH 过渡到 SDH 和 WDM 系统。

(3) 交换系统。PSTN 的核心部分，负责本局用户信息的交换。目前，电话交换机由计算机控制接续过程。当交换机工作时，控制部分自动监测电话的状态变化和所拨号码，并根据要求执行程序，从而完成各种交换功能。通常这种交换机也称为存储程序控制交换机。

(4) 信令系统。为了实现用户间通信，在交换局间提供以呼叫建立、释放为主的各种控制信号，它是保证网络正常运行的关键所在。

3.1.3 PSTN 的组网要求

PSTN 是一个主要用于语音通信的网络，采用电路交换与时分复用技术进行语音信息传输，并且传输介质以有线方式为主。PSTN 的组网需要满足以下基本要求。

(1) 保证网内用户都能呼叫其他每个用户，包括国内和国外用户。对于所有用户的呼叫方式应该是相同的，而且能够获得相同的服务质量。

(2) 保证满意的服务质量，如时延、时延抖动和清晰度等。语音通信对于服务质量有着特殊的要求，主要根据人们的听觉习惯而定。通常情况下，接收端语音信号的信噪比大于 26dB 才能满足通话要求。

(3) 能够适应通信技术与通信业务的不断发展。能够即时引入新业务，而不对原有的网络和设备进行大规模的改造；在不影响网络正常运营的前提下利用新技术，对原有设备进行升级改造。

(4) 便于管理和维护。由于电话通信网中的设备数量众多、类型复杂，而且在地理上分布于很广的区域内，所以要求提供可靠、方便而且经济的方法对其进行管理与维护，甚至需要建设与电话网平行的网络管理网。

3.1.4 PSTN的分类

按所覆盖的地理范围不同，我国PSTN可以分为本地电话网、国内长途电话网和国际长途电话网。

1. 本地电话网

本地电话网简称本地网，包括大、中、小城市和县一级的电话网络，该区域有统一的长途编号。本地网由若干个端局、汇接局、局间中继线、用户线和话机终端等组成。本地网负责任何两个本地用户间的电话呼叫和长途去话、来话业务。

2. 国内长途电话网

国内长途电话网是指全国各城市间进行长途通话的电话网。网中各城市都设一个或多个长途电话局，各长途电话局间由各级长途线路连接起来，以提供城市之间或省之间的电话业务。我国长途电话网中的交换节点又可以分为省级交换中心和地（市）级交换中心两个等级，它们分别完成不同等级的汇接转换。通常情况下，国内长途电话网与本地电话网在固定的几个交换中心完成话务的汇接。

3. 国际长途电话网

国际长途电话网是指将世界各国的电话网相互连接起来进行国际通话的电话网，由此提供国家之间的电话业务。为此，每个国家都需设一个或几个国际电话局进行国际去话和来话的连接。国际长途通话实际上是由发话国的国内网部分、发话国的国际局、国际线路和受话国的国际局，以及受话国的国内网等几部分组成的。我国在北京、上海和广州都设有国际接口局，并连接到国际长途电话网。国际长途电话网的特点是通信距离远，由于多数国家之间并不邻接，所以通话转接较为复杂。国际长途电话网的传输手段多数是使用长中继无线通信、卫星通信或海底同轴电缆、光缆等。当我国用户需要拨打国际电话时，一般都要经国内的市话局、长途局接至北京、上海和广州的国际接口局，再经国际长途电话网接至对方国家的被叫用户；而国际来话则由国际长途电话网接至我国的国际接口局，再经国内长途局、市话局接至被叫用户。

3.1.5 PSTN等级结构与编号计划

1. PSTN等级结构

等级结构是指将全部交换局划分成两个或两个以上的等级，低等级的交换局与管辖它的高等级交换局相连，各等级交换局将本区域的通信流量逐级汇接起来，完成全国区域范围内的电话网络全覆盖。在长途电话网中，通常根据地理条件、行政区域和通信流量的分布情况设立各级汇接中心。每一级汇接中心负责汇接指定区域的通信流量，逐级形成辐射的星形网或网状网。一般是低等级的交换局与管辖它的高等级交换局相连，形成多级汇接辐射网，最高级的交换局则采用直接互连的方式组成网状网络，因此等级结构的电话网一般是复合网。电话网采用这种结构可以将各个区域的话务量逐级汇接，达到既保证通信质量又充分利用线路的目的。

1）早期电话网结构

我国电话网最早分为五级，长途网分为四级，一级交换中心之间相互连接成网状网，其余各级交换中心以逐级汇接为主。如图 3.1 所示，C1～C3 为长途转接局，用于疏通所辖区域内的转接话务；C4 为长途终端局，是连接本地端局的长途交换中心；C5 包括汇接局和端局。汇接局用于汇接本汇接区内的本地或长途业务，端局通过用户线直接与用户相连。相同等级间，如 C1 间采用网状连接，上下级之间采用星形结构连接。

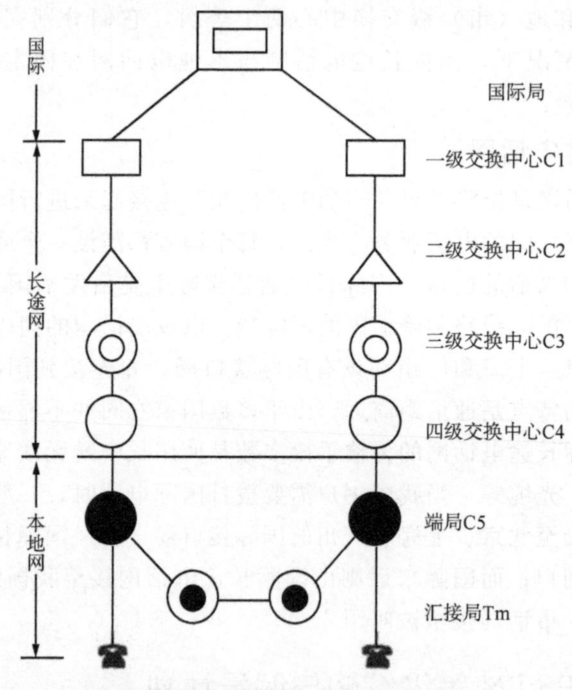

图 3.1　早期电话网五级结构

由于程控交换网的号码分配非常规则，所以通信时的路由选择也非常规则，即根据不同的被叫号码选择不同的出局路径，一般分为以下两种情况。

（1）被叫用户为国际用户。首先，中国大陆的用户在电话机上顺序接下 00 键（国际长途电话字冠）；这时，与该主叫用户电话直连的 C5 端局交换机获取号码并分析，根据该 00 前缀判断本次呼叫不属于本国内通信。于是，

C5 局通过中继线路呼叫更高层面的 C4 交换局，然后到 C3、C2 和 C1。就这样逐级地呼叫上去，直到国际关口局。通过国际关口局呼叫到美国的交换局，再逐层呼叫，直到找到被叫用户。接下来，为主、被叫用户搭建通话链路，直至通话结束。

（2）被叫用户为国内用户。C5 交换机获取本局某用户的呼叫请求，并进行分析。若被叫号码属于本交换机内的直连终端号码，则系统就会作出准确判断，并立刻在主叫端口和被叫所在的端口之间搭建链路；若 C5 交换机获取的被叫号码不属于本台交换机直连终端，则 C5 局交换机会将该呼叫送到与之直连的 C4 交换机上，由 C4 局找到被叫终端所在的另一个 C5 交换机，然后完成主、被叫用户的链路搭建。在交换局之间，通常设置一些高效直达路由，以提高接续效率。

这种五级结构的电话网在网络发展的初级阶段是可行的，它在电话网由模拟向数字的过渡阶段发挥过较好的作用。然而，由于经济的发展，非纵向话务流量日趋增多，新技术、新业务层出不穷，这种多级网络结构存在的问题日益明显。主要表现为如下几点。

（1）转接段数多，导致接续时延长、传输损耗大，所以接通效率低。例如，跨两个地（市）或县用户之间的呼叫需经多级长途交换中心转接。

（2）网络的可靠性差，多级长途网一旦某节点或某段线路出现故障，就会造成局部阻塞。

此外，从全网的网络管理、维护运行角度来看，区域网络划分越小，交换等级数量越多，网管工作就会越复杂，并且不利于新业务网的开展。因此，电话网的发展趋势是由多级网逐步向无级动态网过渡。

2）长途网两级结构

目前，我国 PSTN 长途网已由五级向两级转变，长途两级网的等级结构如图 3.2 所示。长途两级网将国内长途交换中心分为两个等级。DC1 表示省级（包括直辖市）交换中心，其职能主要是汇接所在省的省际长途来话和去话话务，以及所在本地网的长途终端话务；DC2 表示地（市）级交换中心，主要汇接本地网的长途终端来话和去话话务。DC1 省级层面的节点以网状网相互连接，与本省各地（市）的 DC2 节点间以星形方式连接；本省各地（市）的 DC2 节点之间以网状或不完全网状相连，同时辅以一定数量的直达电路与非本省的交换中心相连。

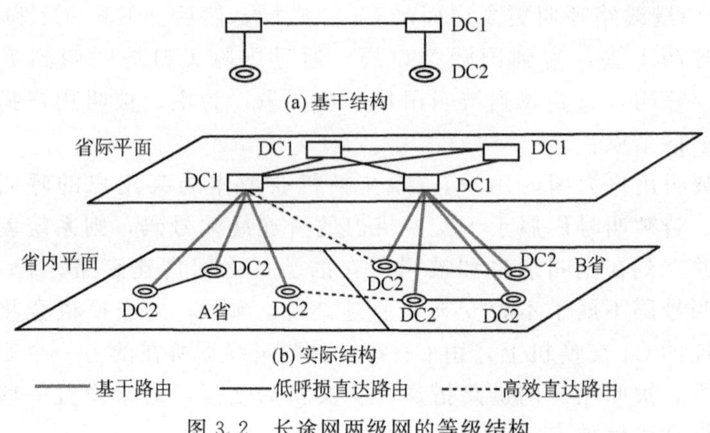

图 3.2　长途网两级网的等级结构

今后，我国的电话网将进一步形成由一级长途网和本地网所组成的二级网络，实现长途无级网。这样，我国的电话网将由三个层面，即长途电话网、本地电话网和用户接入网组成。

3）本地网结构

本地网设有端局和汇接局，以疏通区域范围内的电话呼叫和长途去话、来话业务。端局通过用户线与用户相连，其职能是负责疏通本局用户的去话和来话话务；汇接局与所管辖的端局相连，以疏通这些端局间的话务量。此外，汇接局间也有链路相连，以疏通不同汇接区间端局的话务量。根据需要，汇接局还可与长途交换中心相连，用来疏通本汇接区内的长途转话话务。

自20世纪90年代中期起，我国开始组建以地（市）级以上城市为中心的扩大的本地网，这种本地网的特点是：城市周围的郊县与城市划在同一长途编号区内，其话务量集中流向中心城市。由于各中心城市的行政地位、经济发展和人口不同，扩大的本地网交换设备容量和网络规模相差很大，所以网络结构有些差异。

(1) 网状网。当本地网内交换局数目较少时，可以将本地网中所有端局互连，端局之间设置直达电路，如图3.3所示。此时电话交换局之间可通过中继线相连，构成网状网。由于中继线是公用的，且允许通过的话务量也比较大，所以提高了网络的利用率，降低了线路成本。这种连接方式只适合交换局数不是很多的情况。

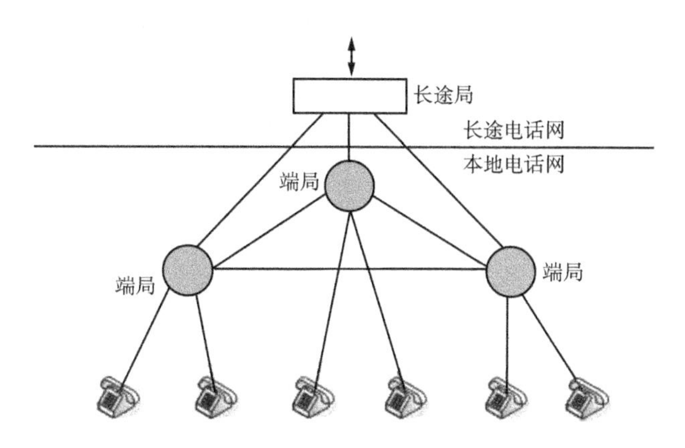

图 3.3　本地网的网状网结构

（2）二级结构。当交换局数量较多时，采用网状网结构会导致局间中继线数量急剧增加。此时应采用分区汇接制，即将电话网分为若干个汇接区，并在汇接区内设置汇接局。汇接局下设若干个端局，端局通过汇接局汇接，从而构成二级本地电话网。如图 3.4 所示，DTm 为本地网中的汇接局，DL 为本地网的端局，PBX 为用户自动交换机。

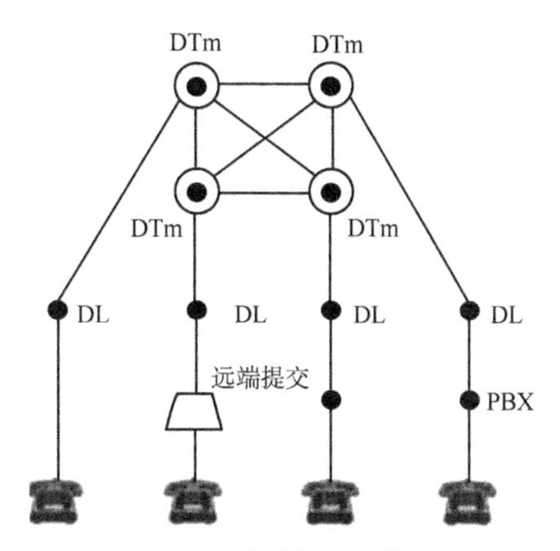

图 3.4　本地网二级结构

2. PSTN 编号计划

编号计划是指本地网、国内长途网、国际长途网和特种业务以及一些新业务的各种呼叫所规定的号码编排和规程。电话网中的编号计划是使电话网正常运行的一个重要规程，编号计划主要包括本地电话用户和长途电话用户编号两部分。

1）本地电话用户编号方法

同一长途编号范围内的用户均属于同一个本地网。在一个本地网内，号码的长度应根据本地电话网的长远规划容量来确定。本地电话网的用户号码由两部分组成：局号+用户号。局号可以是1位（用P表示）、2位（用PQ表示）、3位（用PQR表示）或4位（用PQRS表示）；用户号为4位（用ABCD表示）。因此，如果号码长为7位，则本地电话网的号码可以表示为PQRABCD，本地电话网的号码长度最长为8位。

2）长途电话用户编号方法

(1) 国内长途电话。

国内长途电话号码的组成为国内长途字冠+长途区号+本地用户号；国内长途字冠是拨打国内长途电话的标志，在全自动接续的情况下用0代表。长途区号是被叫用户所在本地网的区域号码，全国统一划分为若干个长途编号区，每个长途编号区都赋予固定的号码，这个号码的长度为1～4位。如果从用户所在本地网以外的任何地方呼叫这个用户，都需要拨这个本地网的固定长途区号。我国幅员辽阔，各地经济发展速度、人口稠密程度不同，决定了各地电话编号业务的差异。长途区号分别为2位、3位和4位不等，编号情况如下。

北京：全国中心，区号编为10。

中央直辖市及省会中心：区号为2位，编号为2X，X为0～9，如上海为21，武汉为27，西安为29等，共有10个编号。

省中心、地区中心：区号为3位编号，(3～9) XY，其中X为奇数，Y为0～9,所以共有7×5×10=350个编号。

各个地（市）：区号为4～5位编号，共3500个。

综上所述，我国总的长途区号有1 + 10 + 350 + 3500 = 3861个。

(2) 国际长途电话。

在进行国际长途呼叫时，除了拨打上述国内长途号码中的长途区号和本地号码，还需要增拨国际长途字冠和国家号码，即国内长途字冠+国家号码+长途区号+本地用户号。国际长途字冠是拨打国际长途电话的标志，在全自动接续的情况下用00代表。国家号码为1～3位，即如果从用户所在国家以外的任何地方呼叫这个用户，都需要拨打这个国家的国家号码。

例如，在美国某地有用户发起呼叫，被叫终端位于中国上海某地号码为0086-21-6333-1111；其中00表示该呼叫是跨国呼叫，86是中国的国家号码；21是上海的长途区号；6333表示一个特定的上海某区交换局的交换机号；1111表示端口和电路标识，与本地环路（用户线）有关。

3）特种业务号码和特别服务号码

有一些电话号码，如火警、急救、信息查询等，它们不同于普通用户的电话号码，属于电信业务和社会服务业特种号码。特种业务的电话号码位数少，有利于用户记忆和拨打。每个国家对此类号码都有规定，中国的特种业务号码为三位编号，11X 主要用于报警和电话号码查询等，如火警 119、电话号码查询 114 等；12Y 主要用于一些社会服务项目，如天气预报 121、生命专线 120 等；10 开头的 5 位号码是电信运营商保留的特别服务号码，如中国电信的客服号码 10000、中国联通的客服号码 10010 和中国移动的客服号码 10086。

3.2 交换技术与交换网

3.2.1 交换技术的发展

交换机是指应用于通信网中多个用户终端之间的设备，它可以根据用户的需要，在相应的终端设备之间进行语音、图像等多媒体数据信息的传递，使得通信网中各终端之间实现点到点或多点到多点等不同形式的信息交换。交换机是电话网的核心设备，它的发展也体现了电话网的技术水平。交换技术产生于 20 世纪初，短短一百年时间，它经历了从人工交换技术到计算机程控交换技术的演变。交换技术的发展在很大程度上反映出现代通信技术从人工到自动、从模拟到数字的发展历程。

1. 人工交换技术

1877 年，电话问世的第二年就出现了简单的人工电话交换机。最早的电话属于点对点通信，即用一根线路连接两个用户话机，以此完成用户的通话过程。在电话发明之初，电话的确是名副其实的“奢侈品”——高昂的初装费和通话费，对于大部分家庭都是一笔不小的开销。随着用户数逐渐增多，电话网络结构逐渐变得越来越复杂，这种点对点的电话连接方式显然不实用。于是出现了人工交换技术，即在电话通信的过程中，由接线员人工控制接线、拆线等有关动作。例如，当用户甲希望和用户乙通话时，首先用户甲摘机，这就接通了接线员；接线员会问：“请接哪里?”，用户甲回答：“我找用户乙”，于是接线员就会手动将用户甲和用户乙的线路连接起来，由此实现了两人之间的通话，这就是人工接续过程。其特点是设备简单、容量小，需占用大量人力，话务员工作繁重，且速度较慢。此外，人工接续方式有一个很大的弊端，即接线员会有意或无意地接错线，导致主叫用户找不到被叫用户。

2. 自动交换技术

1）步进制电话交换机

世界上第一部自动交换机由美国人阿尔蒙·布朗·史端乔（Almon Brown Strowger）发明。他是美国堪萨斯城的一个殡仪馆老板，有一件事让他非常烦恼，当城里发生死亡事件时，用户明明告诉接线员要求接通他所经营的殡仪馆，而接线员有时会把电话接通到竞争者那里去，让他丢掉很多生意。史端乔为此发誓要发明一种自动接线设备。功夫不负有心人，经过两年的潜心钻研，史端乔终于在1891年成功地发明了一种自动电话交换机，并申请了专利。为了纪念史端乔的功绩，人们也称这种电话交换机为“史端乔交换机”，这是一种步进制电话交换机。为何称为步进制呢？这是因为它根据电话用户拨号脉冲直接控制交换机的机械操作，并一步一步实现接线动作。例如，当用户拨号1时，就会发出一个时间很短的电脉冲，这个脉冲使交换机内部接线器中的电磁铁吸动一次，接线器就向前动一步；用户再拨号码2，就会发出两个脉冲，相应地，电磁铁将吸动两次，接线器向前动两步，以此类推。于是接线器就随着拨号时发出的脉冲电流，一步一步地改变接续位置，将主叫和被叫用户间的电话线路自动接通。1892年11月3日，世界上第一个步进制自动电话交换局在美国印第安纳州拉波特市设立。此后，自动电话交换机得到迅速发展，并在世界各国安装使用。步进制电话交换机的电路简单，且每个接线器都有各自的话路部分和控制部分，发生故障时影响面小。但其缺点是接续速度慢、机件易磨损、杂音大和号码编排不灵活等。此外，步进制电话交换机不具备迂回中继功能，难以构成经济、安全、灵活的电话网，尤其难以构成规模较大的电话网，也不适应数据、传真等通信业务的需要。因此，后来逐渐被纵横制电话交换机和程控电话交换机所代替。

2）纵横制电话交换机

1919年，瑞典电话工程师帕尔姆格伦（Palmgren）研制出了第一台纵横制电话交换机，并在瑞典松兹瓦尔市设立了第一个大型的纵横制电话局，共拥有3500个用户。纵横制电话交换机的接线器由纵棒、横棒和电磁装置构成，控制设备通过控制电磁装置的电流便可吸动相应的纵棒和横棒，使得纵棒和横棒在某点交叉接触，从而实现接线。由于纵横制电话交换机采用机械动作轻微的纵横接线器，并采用间接控制技术，使之克服了步进制电话交换机的许多缺点，尤其是它能适用于长途自动交换。从20世纪30年代起，纵横制电话交换机在各国得到了广泛的应用。

步进制与纵横制电话交换机都是利用电磁机械动作完成接线的，它们都属于模拟交换机。两者不同的是：纵横制电话交换机的机械动作小，由于其接触点使用贵重金属构成，所以它的动作噪声较小，机械磨损也较小，因而工作寿命较长。另外，纵横制与步进制的控制方式不同，步进制电话交换机是由用户拨号直接控制接续的；而纵横制电话交换机则采用间接控制接续，即用户拨号要通过一个公共控制设备间接操作接线器动作。间接控制方式有许多明显的优点，如工作比较灵活，便于在多个电话局组成的电话网中实现灵活的交换，以及便于配合使用新技术、开放新业务等。因此，间接控制方式的出现将自动电话交换机技术提高到了一个新水平。

3）程控电话交换机

随着计算机和半导体技术的发展，人们开始将电子技术引入交换机内部的控制部件设计，并进一步研制出程控电话交换机。程控电话交换机是一种由计算机控制的电话交换机，利用预先编写的程序，通过计算机控制电话的接续工作。1965年5月，美国贝尔公司研制出世界上第一部空分式程控电话交换机。空分的意思就是用户在拨打电话时要占用一对线路，也就是要占用一个空间位置，一直到结束通话（机电式的交换机都为空分方式）。1965～1975年这10年间，绝大部分程控电话交换机都是模拟空分的。1970年，法国开通了世界上第一部程控数字交换机，它采用时分复用技术和大规模集成电路，随后世界各国都大力开发程控数字交换机。1980年以后，程控数字交换机开始在世界范围内普及。

程控数字交换机的优点如下。

（1）处理速度快、体积小、容量大、服务功能多。

（2）采用数字信号交换，安全保密性高。

（3）采用存储程序控制，可随意增删其功能，灵活性好，维护管理方便，便于实现维护自动化。

（4）可利用公共信道信令系统传输信令，因此能提高通信网的效能和服务质量。

（5）将程控数字交换与数字传输相结合，可以构成综合业务数字网，它不仅能承担电话交换业务，还能实现传真、数据和图像等信息的交换。

随着计算机技术的迅猛发展，程控电话交换机的性能不断提高，现已广泛应用于民用通信网和军事通信网中。我国在20世纪80年代后期，陆续将自行研制的程控电话交换机用于装备市内电话网、长途电话网和军事通信网。现代程控电话交换机采用通用微处理机和分布控制方式，使用计算机高级语言编程，并采用模块化和结构程序的设计方法，进一步提高了交换机处理性能。

3.2.2 程控数字交换机的结构

程控数字交换机的基本结构如图3.5所示。

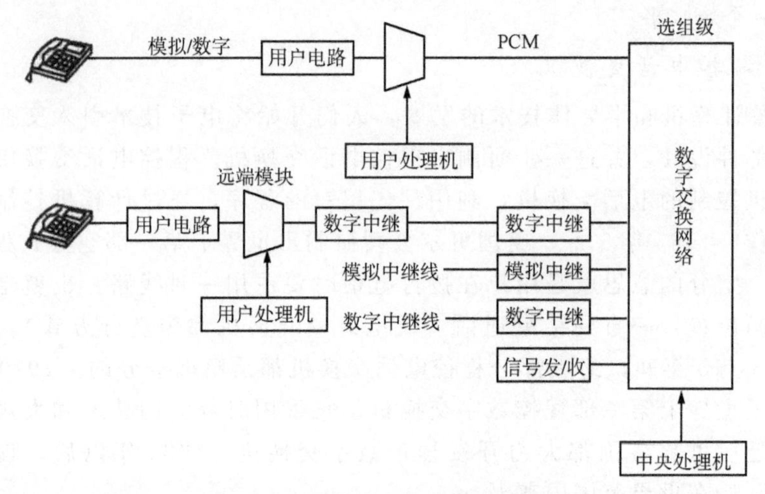

图 3.5 程控数字交换机的基本结构

图 3.5 中，交换机的选组级是交换机中完成交换功能的核心部分，也称为母局，用于完成用户间的信息交换。用户级是与用户直接连接的部分，其基本任务是将用户电话机发出的呼叫集中，并将模拟话音信号变成数字话音信号，然后送到选组级（即母局）中。因此，用户级又称为用户单元或用户模块。

远端模块与用户模块的功能相同，区别在于它是装设在远离母局的电话用户集中点的话路设备，又称为模块局。在模块局和母局之间的中继（长距离传输线）上可以采用数字复用技术。模块局将用户话务量集中后，通过中继线与母局连接，由于中继线的数量少于用户的数量，所以可以节省中继线路的投资。有些远端模块增设了交换的功能，使本模块用户之间的相互通话可以不通过母局，而直接在模块局进行。这样的远端模块就更像是一个电话分局了。随着数字程控电话交换机的广泛应用，远端模块的应用日益增多，这对降低成本和提高服务质量都是有好处的。有些程控数字交换机的用户模块经数字传输系统延伸到远端，有的交换机远端模块与用户模块完全相同。

模拟中继器是数字交换机与模拟中继线之间的接口电路。模拟中继线连接至模拟交换局，它是传送音频信号或频分复用的模拟载波信号的中继线。数字中继器是数字交换机与数字中继线之间的接口电路。数字中继线连接至数字交换局，既能适应 PCM30/32 路接入，又能适应 PCM24 路接入；既能适应一次群接入，也能适应高次群接入。

信号音发生器用于产生各种音频信号（拨号音、忙音等）。多频接收器和发送器用来接收和发送多频信号，如按钮话机的双音多频信号和局间多频信号。电话机按种类分类有拨盘式电话机与按键式电话机，如图 3.6 所示。

图 3.6 拨盘式电话机与按键式电话机

拨盘式电话机属于脉冲式电话机，它使用一连串的断续脉冲来传送被叫号码，称为脉冲拨号。脉冲拨号需要电信局中的操作员手工完成长途接续，目前已经逐步被淘汰了。按键式电话机属于双音频电话机。双音多频（dual tone multi frequency，DTMF）信号是电话系统中电话机与交换机之间的一种用户信令，通常用于发送被叫号码。当电话用户拨号时，每按一个键，就会有两个音频频率叠加成一个双音频信号，表 3.1 所示为八个音频频率来区分十六个按键的按键。该双音多频的拨号键盘是一个 4×4 的矩阵，每一行代表一个低频，每一列代表一个高频。每按一个键就发送一个高频和低频的正弦信号组合，如 1 相当于 697Hz 和 1209Hz 的信号组合。交换机可以解码这些频率组合并确定所对应的按键。

表 3.1 双音多频键盘

低频群/Hz	高频群/Hz			
	1209	1336	1477	1633
697	1	2	3	A
770	4	5	6	B
852	7	8	9	C
941	*	0	#	D

双音多频信号在电话通信中得到了广泛应用，例如，当用户拨打 10086 时，系统就会语音提示：话费查询请按 1，流量定制请按 2……当用户按下选定的数字后，系统会自动根据按下的数字提供相应的服务，这就是双音多频信号的典型应用。

3.2.3 程控交换机的功能

电话网的基本组织形式为程控交换机＋线路＋电话机，可见交换机是电话网的核心部件。交换机的功能就是识别用户所拨的号码，并根据被叫号码建立通信链路，实现主、被叫用户语音信息交换。交换机就像一个交通枢纽的控制系统，用户的话音信息就像来来往往的车辆，车辆在通过此枢纽时，需要接受控制系统的调度。交换机控制来自主叫方的电话呼叫，选择正确的通道以到达被叫方。因此，交换机应具备以下功能才能实现对用户信息的交换。

（1）找出通向被叫方的路由。交换机必须维护一个“寻路指南”，也就是路由表。根据路由表，任何通话请求都可以顺利找到目的路径。电话交换机的路由表是根据“号码前缀”制定的。

（2）搭建主、被叫用户的通话电路，并在通话结束后拆除电路。通话双方的通话请求是通过信令来传达的。交换机应能读懂信令、处理信令和发送信令，并在呼叫到来的时候搭建电路，占用通信链路；在呼叫结束后拆除电路，释放通信链路。

（3）具备信息交换的能力。电路交换模式下有空分交换和时分交换两种模式；存储转发模式下的分组交换是基于数据包的交换方式。

（4）能够存储电话通话时的重要参数，如起始时间、终止时间、时长和主/被叫号码等，以作为计费的依据。此功能由呼叫详情记录器（call detail records，CDR）完成，它记录了呼叫接续的全过程。这对于电信运营商尤为重要，因为所有基于 PSTN 的计费都是根据 CDR 计算出来的。

程控数字交换机的基本功能为用户线接入、中继接续、计费和设备管理等。下面以一次完整的呼叫为例（从主叫摘机到主、被叫任意一方挂机），简单介绍程控数字交换机的功能。

（1）本地交换机自动检测出主叫用户的摘机动作，寻找一个空闲收号器，并给主叫用户的电话机回送拨号音。

（2）用户拨号时停送拨号音，启动收号器并按位接收主叫用户话机产生的脉冲信号或双音多频信号。

（3）分析号首，以决定呼叫类别（本局、出局、长途或特服等），并以此判定一共该收几位号码。当收到一串完整有效的号码后，交换机据此分析查找被叫用户信息。

（4）锁定被叫所在本地交换局，并查找是否存在空闲线路和被叫状态。若都满足接续条件，则占用资源，并向主叫送回铃音和向被叫送振铃（被叫与主叫可能处于同一个交换局，也可能处于不同的交换局）。

（5）被叫用户摘机后，双方的话音信息在线路上传输，同时启动计费装置开始计费，并监视主、被叫用户状态。

（6）通话完成后，交换机将保持连接，直到检测出通信的任意一方挂机，然后即时拆线、释放资源，停止计费工作，并向另一方送忙音。

其中，通话接续部分由交换机中的数字交换网络实现，即数字交换网络以时分交换模式实现通信双方 PCM 数字信号的交换，控制部分的功能由计算机软件实现。

3.2.4 交换网络

当用户数量较多、分布地域较广时，就需要设置多个交换节点。各节点的交换机通过传输线路按照一定的拓扑结构互连，即组成交换网络。

如图 3.7 所示，用户话机与本地交换机相连（在交换网络中，凡是直接与用户话机或终端相连的交换机都称为本地交换机），本地交换机通过中继线与核心交换机相连，由此构成一个大型的交换网络。此时交换节点的地位相当于用户终端，多个交换节点之间的连接需要引入核心交换节点，该节点的交换设备称为汇接交换机。

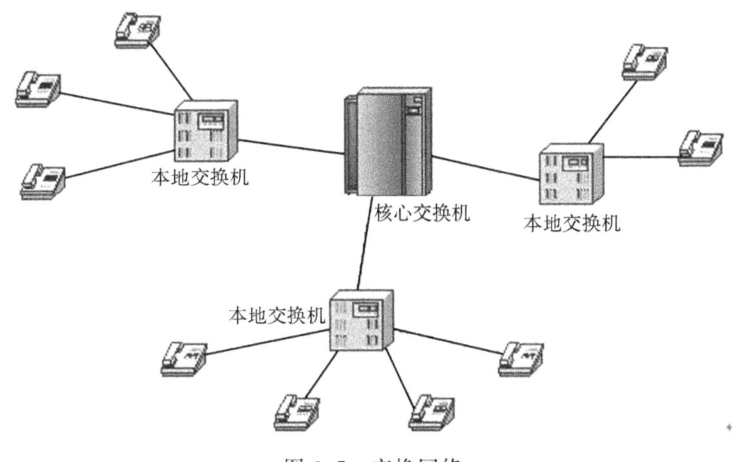

图 3.7 交换网络

根据不同的结构和功能，可将交换网络的拓扑结构分为以下三类，如图 3.8 所示。

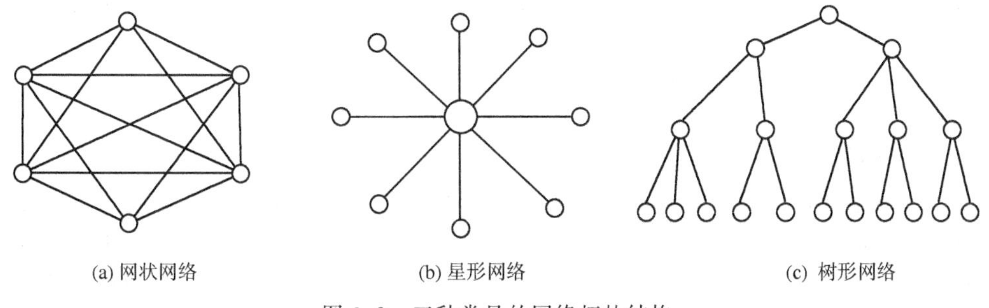

图 3.8 三种常见的网络拓扑结构

（1）网状网络。网状网络实际上就是能实现节点之间两两相连的网络。这种组网方式需要的传输设备较多，尤其当节点数量增加时，线路设备数量将会急剧增加。网状网络的冗余度高，可靠性比较高，但需要复杂的线路和控制系统。

（2）星形网络。在星形网络中，可以将中心节点作为核心交换局，而将周围节点看成终端；也可以将所有的节点均看成交换局，此时中心节点即成为汇接局，图 3.7 的网络拓扑结构就属于星形网络。星形网络结构的优点是节省网络传输设备；缺点是可靠性差，单一传输链路没有备份。

（3）树形网络。它是总线型结构的扩展，由总线网加上分支形成，其传输介质可以有多条分支，但不形成闭合回路。树形网是一种分层网，其结构可以是对称的或非对称的。一般来说，树形网络具有一定的容错能力，即一个分支和节点的故障不影响另一个分支节点的工作，任何一个节点送出的信息都可以传遍整个传输介质。树形拓扑结构是一种层次结构，节点按层次连接，信息交换主要在上下节点之间进行，相邻节点或同层节点之间一般不进行数据交换。树形网络结构的优点是连接简单、维护方便，适用于汇接信息的应用要求；缺点是资源共享能力较低，且可靠性不高，任何一个节点或链路的故障都有可能影响到整个网络的运行。

在电话通信网中，与本地交换机相对应的交换局称为市话局或端局；装有汇接交换机的交换局称为汇接局，通信距离较远的汇接交换局也称为长途局。电话通信网中一般采用等级网络结构，对网络中每一个交换节点分配一个等级，除了最高级以外，其他级的每个交换节点必须要连接到更高一级的交换节点。因此，电话网最适合树形拓扑结构，这符合自上而下的行政管理模型。但在核心层面上，一般采用全网状或不完全网状结构，这是出于对路由备份的考虑。

3.3 信　　令

信令系统是通信网的重要组成部分，程控电话交换系统中有一套完整的信令系统，它在电话网中起指挥、协调的作用，确保整个通信网有条不紊地运转。

3.3.1 信令的概念与分类

1. 信令

一般来说，网络中传输的信号包括两部分，其中一部分是用户信息，如电话中的语音信息、上网的数据信息等；另一部分就是信令。信令对于用户来说看不见、摸不着，但作用却非常大，它是通信网的指挥系统。通信设备之间任何应用信息的传送总是伴随着信令的传递，系统按照既定的控制协议，将应用信息安全、可靠、高效地传送到目的地。相应地，信令的传输需要一个专用的信令网。

2. 信令的分类

信令按其用途分为用户信令和局间信令两类。

（1）用户信令作用于用户终端设备（电话机）和电话局交换机之间，传送如用户摘机、挂机、拨号和主叫号码显示等控制信息。

（2）局间信令则用于两个用中继线连接的交换机之间，用以控制呼叫的接续，建立通信的物理链路。局间信令又分为随路信令和共路信令。

① 随路信令是指信令网就附在电话网络上，不需要重新建一个信令网，其优点是发送随路信令时不需要额外占用信道资源；缺点是传输的信令容量有限，且信令传送速度慢。

② 共路信令则需要新建一个信令网（主要是在局端之间），并以时分方式在一条高速数据链路上传送 PCM 群话路信令，其优点是信令传送速度快、容量大，具有改变或增加信令的灵活性，便于开放新业务；缺点是增加了系统开销。

3.3.2 PSTN 信令功能

PSTN 中，交换机之间、交换机和电话终端之间的交流都需要通过信令来传递。呼叫开始时，电话和交换机之间、交换机与交换机之间必须传送特定的信令，以搭建通话链路。通话结束后，通过某种触发（任何一方挂机）和特定的信令交互，才能结束通话、拆除线路并等待下一个呼叫的开始。现以一次完整呼叫接续过程为例，详细说明信令的功能。

（1）A 用户想要打电话给 B 用户。

（2）A 用户摘电话机，此时摘机信息通过电话线传给与 A 用户电话机直接相连的交换机 1，即有呼叫请求。于是交换机 1 送拨号音给 A 用户电话机，A 用户就能听到连续的“嘀”声，接着 A 用户就可以拨号了。摘机信息和拨号音就属于用户线信令。

（3）当 A 用户按键或者拨动拨号盘时，号码会通过电话线传送到交换机 1 上。按键信号也属于用户线信令。

（4）交换机 1 根据 A 用户所拨号码，通过分析找到与被叫 B 用户的电话机直连的交换机 2（中间可能经过多台交换机转接），交换机 1 和 2 间通信的信息就属于局间信令。接着，交换机 2 发送振铃信号给被叫 B 用户电话机，振铃信号属于用户线信令。

（5）若 B 用户电话机占线，交换机 2 则传送忙音信号给交换机 1（属局间信令）；交换机 1 传送忙音信令给主叫 A 用户（属用户线信令）。

（6）B 用户电话机振铃时，若 B 用户接起电话，则 B 用户电话机传送接通信号给交换机 2 和交换机 1，以及中间所有的交换机，此时链路接通，通话开始（属用户线信令和局间信令）。

(7) 若A用户先挂机，则A用户电话机传送挂机信令给交换机1，交换机1将挂机信号经交换机2，再传送到B用户的电话机，并给B用户电话机送忙音(分别属局间信令和用户线信令)，反之亦然。

3.3.3 信令系统

早期的电话网采用的是随路信令，但随着用户数和业务量的增加，随路信令速度慢、容量小的缺点显露无遗，显然不能满足用户的要求，因此出现了共路信令（也称为公共信道信令）。共路信令采用分组交换技术，在独立的数据通道上传输信令信息。1968年，国际电信联盟提出了第一个共路信令系统，即No.6信令系统，主要用于模拟电话网。No.7信令是目前应用最广泛的一种国际标准化共路信令系统，用于在数字通信网中各种控制设备之间传送控制信息。由于它将信令和话音通路分开，可采用高速数据链路传送信令，所以具有传送速度快、呼叫建立时间短、信号容量大、更改与扩容灵活和设备利用率高等特点，非常适合用于程控数字交换与数字传输相结合的综合数字网。在中国使用的No.7信令系统称为中国7号信令系统，它是一个带外数据通信网，并叠加在运营者的交换网上，是支撑网的重要组成部分。7号信令的作用如下。

(1) 在固定电话网或ISDN局间，用于完成本地、长途和国际长途的自动、半自动电话接续。

(2) 在移动网内的交换局间，用于提供本地、长途和国际电话呼叫以及相关的移动业务，如短信业务。

(3) 为固定网和移动网提供智能网业务和其他增值业务。

(4) 提供对运行管理和维护信息的传递和采集。

3.4 PSTN的网络业务

PSTN使用基于64Kb/s的窄带信道，并采用电路交换模式，因此可以很好地支持基本的语音通信。随着交换机智能化的提高，PSTN也可提供一些特色服务，如用于网络业务中的数据传输等。

3.4.1 PSTN数据接入技术

1. 拨号上网

拨号上网是在PSTN基础上发展起来的一种互联网接入技术。1998～2002年间，通过PSTN接入互联网是我国用户实现上网的主要方式。通过163、165和169等接入号，人们初次实现了在家上网的梦想。由于PSTN是世界上分布最广泛、应用最普及的通信网，所以利用电话线以拨号方式接入互联网是一种经济、灵活的途径。中国的电话网用户在这一时期呈爆发式增长，这也为电信运营商提供了快速部署互联网接入的有利条件。但是，由于电话拨号上网使用的频带和电话相同，在拨号上网的过程中电话一直处于占线状态，所以无法在上网的同时拨打电话，给人们的生活带来了不便。随后，运营商推出了专门用于家庭拨号上网的第二根电话线业务，用户的计算机可通过串口或者 USB 接口连接调制解调器（modem，俗称“猫”），调制解调器再通过电话线连接交换局接入互联网。在这种方式下，上网的速率大约为 56Kb/s。

2. ISDN

ISDN 俗称“一线通”，除了可以用来拨打电话，它还可利用 PSTN 的基础设施为用户提供如可视电话、数据通信、会议电视等多种业务，从而将电话、传真、数据和图像等多种业务综合在一个统一的数字网络中进行传输和处理（这也就是综合业务数字网名字的来历）。该网络在欧美应用非常广泛，但在我国的应用时间较短、用户也较少。

ISDN 有两种访问方式：一种是窄带综合业务数字网（narrowband integrated services digital network，N-ISDN），即由两个带宽为 64Kb/s 的 B 信道和一个带宽为 16Kb/s 的 D 信道组成，其中 B 信道一般用来传输话音、数据和图像，D 信道用来传输信令或分组信息。三个信道设计成 2B+D 形式，总数码率为 144Kb/s；另一种是 B-ISDN，由多个 B 信道和一个带宽为 64Kb/s 的 D 信道组成，B 信道的数量取决于不同的国家或地区，如北美、日本和中国香港的形式为 23B+D，总速率为 1.544Mb/s；中国、欧洲和澳大利亚为 30B+D 形式，总速率为 2.048Mb/s。呼叫建立的时候，将建立和占用一个 64Kb/s 的同步信道，直到呼叫结束。每一个 B 信道都可以建立一个独立的语音连接；多个 B 信道可以通过复用合并成一个带宽较宽的单一数据信道。

通过 N-ISDN 上网的优点如下。

（1）利用一条用户线路，就可以在上网的同时拨打电话、收发传真，就像是两条电话线一样，且 N-ISDN 的开通范围比 ADSL 和局域网（local area network，LAN）接入要广泛得多。所以对于没有宽带接入的用户，N-ISDN 成为了实现高速上网的重要途径，毕竟 144Kb/s 的速度比拨号上网快多了。

（2）ISDN 只需一个入网接口和一个统一的号码，就能从网络得到所需的各种业务，用户在此接口上可以连接多个不同种类的终端，并能使多个终端同时通信。

（3）ISDN 和电话一样按时间收费，所以对于上网时间比较少的用户（如每月 20h 以下的用户），其费用要比使用 ADSL 便宜得多。

（4）由于 ISDN 线路属于数字线路，所以用它来进行通话（包括网络电话），其效果比普通电话要好得多。

当然 N-ISDN 也有缺点，如相对于 ADSL 和 LAN 等接入方式，上网速度不够快、长时间在线费用会很高、设备费用并不便宜等。

3. ADSL

在通信技术飞速发展的今天，信道资源显得十分宝贵，如果电话线只用于拨打电话实在太浪费了，于是出现了基于 PSTN 数据接入方式的 ADSL 技术。ADSL 将电话线上未被话音占用的高频部分利用起来，用以传送数据信息。ADSL 采用频分复用技术，将普通的电话线分成了电话、上行和下行三个相对独立的信道，从而避免了相互之间的干扰，非对称数字用户线环路由此得名。通过 ADSL 接入互联网的用户与互联网服务器之间的信息传输是双向的，若用户发送请求信号到互联网的信息服务器，称为上行数据传输，如用户上传图片、文本资料到某服务器就属于上行传输；相应地，信息流从服务器经电话线传送到用户端，称为下行数据传输，如从网上下载资料、音视频信息等就属于下行传输。一般来说，用户上行数据量较小，需要的带宽也较窄；下行数据量较大，需要的带宽也较宽。根据 ITU-T G.992.1 标准，ADSL 在一对铜线上支持上行速率 512Kb/s～1Mb/s，下行速率 1～8Mb/s，有效传输距离在 3～5km 范围以内。因此特别适合传输多媒体信息业务，如视频点播（video on demand，VOD）、多媒体信息检索和其他交互式业务。开通 ADSL 业务的方法为：在电信服务提供商端，需要将每条开通 ADSL 业务的电话线路连接在数字用户线路访问多路复用器上；而在用户端，用户需要使用一个 ADSL 终端（与传统的调制解调器类似）来连接电话线路。由于 ADSL 使用的是高频信号，所以在两端均需要采用 ADSL 信号分离器将 ADSL 数据信号和普通语音电话信号分离出来，以免在拨打电话的时候出现噪声干扰。通常的 ADSL 终端会配备电话线和以太网接口，有些终端还集成了 ADSL 信号分离器。ADSL 入网的特点如下。

（1）利用一条电话线可同时接听、拨打电话并进行数据传输，两者之间互不影响。

（2）虽然 ADSL 使用的还是原来的电话线，但它传输的数据并不通过电话交换机，所以 ADSL 上网不需要缴付额外的电话费，从而节省了使用费用。

（3）ADSL 的数据传输速率是根据线路的情况自动调整的，它以“尽力而为”的方式进行数据传输。

ADSL 与普通拨号上网和 N-ISDN 比较，具有以下优点。

（1）ADSL 传输数据的速度大约是拨号上网的 200 倍，且比 ISDN 大约快 90 倍。此外，ADSL 接入方案在网络拓扑结构上较为先进，每个用户都有单独的一条线路与 ADSL 局端相连，其拓扑结构可以看成星形结构，每个用户独享数据传输带宽。因此，ADSL 具有较强的速率优势。

（2）ADSL 在同一铜线上分别传送数据和语音信号，数据信号并不通过电话交换机设备，因此使用ADSL上网并不需要缴付另外的电话费，同时也可以减轻电话交换机的负载。此外它不需要拨号连接，这种专线上网方式可以满足用户一直在线。在光纤入户之前，ADSL是主要的宽带接入方式。

3.4.2 PSTN增值业务

增值业务是在PSTN的资源和其他通信设备的基础上开发的附加通信业务，其实现的价值是使原有网络的经济效益或功能价值提高，故称为电信增值业务。增值业务广义上分成两大类：一类是以增值网方式出现的业务。增值网可凭借从公用网租用的传输设备，使用本部门的交换机、计算机和其他专用设备组成专用网，以适应本部门的需要。例如，租用高速信息传真存储转发网、会议电视网、专用分组交换网和虚拟专用网等。另一类是以增值业务方式出现的业务，一般指在原有通信网基本业务（电话、电报）以外开设的业务，如数据检索、数据处理、电子数据互换、电子信箱、电子查号和电子文件传输等。在增值业务中，一些业务可以由终端设备或交换设备来提供，如录音电话和缩位拨号。而另一些业务则需要采用智能网设备或其他设备，不仅需要对信息进行基本的传输和交换，而且需要对这些信息进行一些智能化的处理，如对信息进行存储和处理、根据不同条件选择不同的呼叫、按要求进行多种方式的计费等，这种业务称为智能业务。智能业务和非智能业务并没有严格的界限，目前我国电信网上开放的增值业务主要分为电话和非电话增值业务。

1. 电话增值业务

（1）被叫集中付费业务（800号业务）。一些大公司为了招揽生意，向其用户提供免费呼叫，即通话费记在被叫用户的账上。

（2）呼叫卡业务。呼叫卡业务的用户需要先向通信公司申请一个账号，存入一定数额款项后即可使用任何一部电话进行呼叫，通话费从其账号上扣除。

（3）虚拟专用网业务。它定义了一种网络，网络中共享业务服务设备的用户流量是各自独立的，共享的用户越多，其成本越低。它的目的是降低租用线路的高额成本，同时提供高质量的服务并保证专用流量。

（4）附加计费业务。其服务对象是那些通过电话网向用户提供有偿信息服务的业务提供者。这种业务可以根据业务的性质收费，附加计费业务的附加收费除了少部分作为通信公司的服务费，大部分归业务的提供者。

（5）个人号码业务。为用户分配一个私人号码，用户可以将所处位置的固定电话号码与本人私人号码绑定，这样当其他用户拨打用户私人号码时，系统就可以接通被绑定的固定电话。电话业务还有通用号码业务、联网应急电话业务、大众呼叫业务、被叫付费呼叫转移业务以及一些个性化业务等。彩铃就是个性化业务中一个最好的应用例子。

2. 非电话增值业务

(1) 电子信箱（电子邮件）。电子信箱为用户提供存取、传送电文、数据、图表或其他形式的信息，它通常通过分组交换数据网传送，也可通过电话网实现。

(2) 可视图文。通过公用电话网与分组交换网上的数据库互连，可以按需检索各类文字、图像信息。

(3) 传真存储转发。通过计算机将用户的传真信号进行存储、转发，或通过具有传真检索信息功能的设备为用户提供高性能的传真业务。

(4) 在线数据库检索。通过 PSTN 将数据终端或个人计算机（personal computer，PC）与各种信息数据库相连，在检索软件的支持下，用户可方便、迅速地获取所需要的信息和数据。

(5) 互联网业务。利用现有 PSTN 和开放的计算机资源提供网络服务。用户可通过 PSTN、公用分组交换网、电子信箱系统或专线方式进入中国互联网(ChinaNet)，与国内外互联网用户通信。该网可以为用户提供电子信箱、文件传送、数据库检索、远程信息处理、资料查询、多媒体通信、电子会议以及图像传输等服务。

(6) 语音信息业务。采用语音平台为用户提供语音信息业务，如 160 台人工辅助的信息服务、168 台自动声讯服务等，其服务范围遍及新闻、体育、科技、金融、证券、房地产、医疗保健、娱乐、交通、购物指南、旅游、人才交流以及热点追踪等方面，电视会议、视频点播等一些新型增值业务也得到了广泛应用。

3.4.3 智能网

如前面所述，在 PSTN 上可以实现大量的增值业务。若要在 PSTN 程控交换机上增加新业务，就要对程控交换机的软件进行修改。但是这种工作难度较大，且修改周期较长，难以快速引入新业务。智能网（intelligent network，IN）是在原有通信网络的基础上设置的一种附加网络，其目的是能在多厂商环境下快速引入新业务。智能网最大的特点是将网络的交换功能与控制功能分开，在原有的交换网上设置一些新的功能部件。原有交换机仅完成基本的接续工作，新业务的提供和控制由这些新部件协同原有交换机共同完成。因此，可以向用户提供业务特性强、功能全面和灵活多变的新业务，如缩位拨号、热线电话、免打扰、追查恶意呼叫、呼叫跟踪和语音信箱等。

智能网是建立在所有通信网之上的一种体系化结构，它是叠加在现有通信网之上的一种网络，可以为所有通信网络提供增值业务服务。智能网可以为 PSTN、ISDN、陆地移动通信（GSM、CDMA 等）和互联网等提供智能化的服务。

3.4.4 下一代网络

1. PSTN的局限性

互联网的快速发展打破了传统电信商业模式，传统的PSTN话音业务已经逐渐被网络电话、即时通信和E-mail等通信业务分流。目前，PSTN面临的困境有以下几方面。

(1) 随着网络语音电话业务（voice over internet protocol，VoIP）的出现，传统电话业务，尤其是长途电话业务已每况愈下。VoIP也称为互联网电话，其原理是将模拟语音信号数字化，并以数据封包的格式，通过互联网协议（internet protocol，IP）进行实时传递。VoIP最大的优势是能广泛利用全球IP互连的网络环境，提供比传统话音业务更多、更优惠的服务。VoIP可以在IP网络上传送话音、传真、视频和数据业务，如统一消息业务、虚拟语音、传真邮箱、查号业务、Internet呼叫管理、电话视频会议、电子商务以及各种信息的存储转发等。

(2) 移动通信对固定通信的替代作用日益明显。

(3) 目前的PSTN端局数量过多，而且机型种类繁多，业务提供能力参差不齐，难以开展全网增值业务。汇接局容量小、数量大，导致网络资源利用率和运行效率都较低。

(4) 基于PSTN的智能网业务触发方式单一，它只支持接入码方式业务触发，不支持主叫鉴权、被叫鉴权等无业务接入码的智能业务触发，因此导致很多新业务无法实现或开展不方便。再者，PSTN不支持智能网增值业务的嵌套和组合，无法满足用户同时使用多个增值业务的需求。

总之，现有PSTN的业务提供能力较弱，在网络与业务方面都存在局限性，已无法适应当前通信业务发展和市场竞争的需求。此外，随着移动通信在全球范围内的兴起，固定网正面临着前所未有的严峻挑战。因此，现有电信网向下一代网络（next generation network，NGN）转型已是大势所趋。

2. 下一代网络（NGN）的优越性

NGN是一种能够提供话音、数据和视频等各种业务的网络构架，其主要思想是在融合固定网与移动网的基础上，提供一个统一的网络平台，以统一管理的方式提供多媒体业务。NGN中话音的交换采用软交换技术，而平台的主要实现方式为IP技术，并逐步实现统一融合通信。NGN是一个分组网络，它基于PSTN和ATM上的IP（IP over ATM）的分组网络融合，不仅能提供话音、数据、多媒体等服务，还能将低资费IP长途电话引入本地市话，大大降低了本地通话费的成本和价格，其中VoIP业务将是NGN中的一个重点。NGN允许用户自由接入不同业务提供商的网络，并支持通用移动性，可实现用户对业务使用的

一致性和统一性服务。

从发展的角度来看，NGN 是在传统的、以电路交换为主的 PSTN 基础上，迈出了以分组交换为主的步伐。它承载了原有 PSTN 的所有业务，同时将大量的数据传输卸载到 IP 网络中，以减轻 PSTN 的重荷，同时又以 IP 技术的新特性增加和增强了许多新老业务。NGN 是传统电信技术发展和演进的一个重要里程碑，从网络特征和网络发展上看，它源于传统智能网的业务和呼叫控制相分离的基本理念，并将承载网络分组化、用户接入多样化等网络技术在统一的网络体系结构下实现。因此，准确地说，NGN 并不是一场技术革命，而是一种网络体系的革命。

1）NGN 业务特点

从业务能力上看，NGN 支持话音、数据和多媒体等多种业务，具有开放的业务接口以及对业务灵活的配置和客户化能力。NGN 的业务具有以下特点。

（1）多媒体化。NGN 中最明显的特点是传递信息的多媒体化。多媒体是指多种媒体的意思，可以理解为人们之间交流的信息可以是多样化的，如文字、图形、图像、动画和音视频等各种媒体信息，多媒体化即多种信息载体的表现形式和传递方式。多媒体通信打破了传统单一媒体的通信方式，丰富了人们的生活和工作。多媒体通信是未来通信发展的趋势。

（2）开放性。NGN 具有标准、开放的接口，可为用户快速提供多样的定制业务。

（3）个性化。个性化业务的提供将给未来的运营商带来丰厚的利润。

（4）虚拟化。虚拟业务将个人身份、联系方式甚至住所都虚拟化，用户可以使用个人号码，实现在任何时间、任何地点的通信。

（5）智能化。NGN 的通信终端具有多样化、智能化的特点，网络业务和终端特性结合起来可以提供更加智能化的业务。

2）NGN 的支撑技术

NGN 是一种高效节能的网络，这主要体现在两方面：一是基于分组交换的核心承载网络具有更高的带宽利用率；二是基于商用平台的网络、软件开发和管理过程以及业务的部署和管理变得更加灵活有效。NGN 的支撑技术包括如下几种。

（1）使用 IPv6。与 IPv4 相比，IPv6 扩大了地址空间，提高了网络的整体吞吐量，服务质量得到了很大改善，安全性有了更好的保证。它支持即插即用和移动性，能够更好地实现多播功能。

（2）光纤高速传输技术。NGN 需要更高的信号传输速率、更大的信道容量。到目前为止，人们能够实现的最理想的传送介质仍然是光纤。光纤高速传输技术正沿着扩大单一波长传输容量、超长距离传输和密集波分复用（dense wavelength division multiplexing，DWDM）系统三个方向发展。

此外，NGN的支撑技术还包括光交换与智能光网、宽带接入、城域网、软交换、3G和4G移动通信系统以及IP终端技术等。

就NGN现状而言，由于NGN的端口是开放的，所以将导致其安全性的下降。NGN的安全问题主要包括网络安全和用户数据安全两方面。网络安全是指交换网络本身的安全，即防止交换网络中的网关、交换机和服务器受到非法攻击；用户数据安全是指用户的账户信息和通信信息的安全，即防止用户数据被非法的第三方窃取和监听。因此，需要在IP网上采用合适的安全策略，以保证交换网的网络安全。此外，NGN还会面临如电磁安全、设备安全等安全隐患。面对这些问题，NGN更应加强一系列技术管理，使之逐渐走向成熟。

3.5 PSTN应用

随着人类社会生活品质的不断提高，人们希望能随时随地遥控家中的各种电气设施，如热水器、电饭煲、微波炉、空调和电控窗帘等。大家想象一下，在炎炎夏日，若能提前启动家里的空调和热水器，人们在下班后一进家门就能享受到舒适的生活环境了；若可以提前开启微波炉、电饭煲等炊具，人们也不必为享受不到美味的饭菜发愁了。如今，在快节奏的都市生活中，信息技术可以为人们提供便捷、舒适的生活体验。基于PSTN的智能家居系统就是一个很好的例子。

近年来，智能家居的理念渐渐渗透到人们的生活中。智能家居以住宅为平台，利用综合布线、网络通信、安全防范和自动控制等技术，将与家居生活有关的设施集成化，从而构建高效的家庭日程事务管理系统，提升了家居的舒适性、便利性和安全性，实现了环保节能的居住理念。简言之，家居智能化就是利用现代科技手段将家中的各种设备，如照明系统、窗帘控制、安防系统、数字影音系统、空调、冰箱和洗衣机等连接到一起，通过电话远程控制、环境监测等多种手段对家居系统进行集中管理。与传统家居体验相比，智能家居兼具网络通信、家电自动化和信息交互等特点，可以为人们提供高效、舒适、安全、环保的居住环境，帮助家庭与外界保持信息交流畅通，优化人们的生活方式，增强家居生活的安全性，还可以节约能源开销。一般来说，实施智能家居系统应具备以下条件。

(1) 在家居中建立一个通信网络，为家居信息提供必要的通路，即所有家电和家居设施都要通过设定的通信平台，以实现与外部世界的信息交流，满足远程控制、监测和信息交换的需求，并能通过相应的操作系统实现对所有家电和家居设施的控制与监测。

(2) 需要借助外网的帮助，实现对家居的远程遥控。

如今，PSTN已经覆盖了绝大多数的地区和家庭，电话线上的双音多频信号除了用于建立通话连接，也可广泛应用于数据通信，且具有较强的抗干扰能力。

因此，利用 PSTN 实现对家居设施的控制在技术上是可行的。采用 PSTN 不需要进行专门的布线，也不占用无线电频率资源，因而不需要大量的额外投资；而与采用有线 IP 网络相比，PSTN 的通信方式则具有更高的安全性和实时性。因此，基于 PSTN 的智能家居方案在经济性、安全性等方面具有一定的优势。

图 3.9 为一个基于 PSTN 的智能家居系统结构框图。用户可以在工作单位通过拨打电话的方式操控家里的电气设施。当用户拨打家里的电话时，话机的振铃电路便检测到电话振铃信号，等待系统默认的振铃次数后，系统启动自动摘机电路实现摘机，并送出提示音信号。当用户输入预先设定的密码后，控制装置将获取的密码与预设密码进行对比验证，若密码正确，则进入控制状态。然后，用户发出相关操作指令，系统获取指令后执行相应操作，如开机、关机、定时等。若家中有人，并在默认的振铃次数之前接通电话，则系统不进入控制状态。因此，该系统不影响电话的正常使用。如果用户输入密码错误，系统会自动挂机。系统还可以安装摄像头、烟雾报警等设施，当家中出现不明访客或发生火灾时，系统可启动电话报警功能。

该家居系统提供的功能主要包括舒适宜人的家庭生活环境、家居的安全防护和家用电器的远程监控等内容，如电饭煲、热水器、空调等电器的智能化控制；电动窗帘的定时开合控制，光控、雨控等人性化的自动控制等。家居的安全监控与报警，主要包括燃气泄漏监控、窗帘探测器监控、室内布防等。

此外，系统还配备互联网和移动通信网络接口，用户可以通过计算机或手机实现对家用电器、环境设施的智能监控。

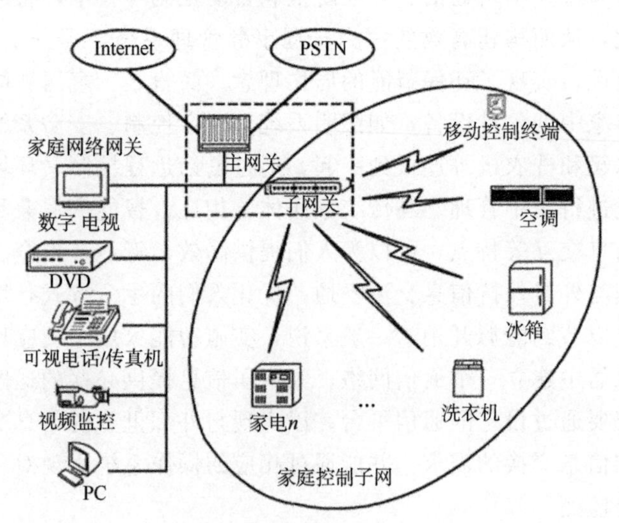

图 3.9　基于 PSTN 的智能家居系统结构框图

移动通信

移动通信是指通信双方有一方或两方处于运动中的通信方式，即移动通信包含移动体之间或移动体与固定物体之间的通信。移动体可以是人，也可以是汽车、轮船等在移动状态中的物体。移动通信始于19世纪末期，历经数十年的发展，已经成为人们社会生活中最重要的通信方式之一。时至今日，移动通信的发展已经初步实现了任何人（whoever）、任何时间（whenever）、任何地点（wherever）、与任何人（whomever）、进行任何形式（whatever）的“5W”个人通信目标，适应了当今社会快节奏的需求。

4.1 移动通信发展史

1897年，意大利无线电工程师马可尼（Marconi）在相距18n mile的岸上电台和船载电台之间实现了无线信号的收发，标志着移动通信的诞生，并由此揭开了移动通信发展的序幕。现代移动通信技术的发展始于20世纪20年代，大致经历了以下几个发展阶段。

（1）20世纪20～40年代，为移动通信的起步阶段。

该阶段的特点是通信系统工作频率较低，且工作频段较少，仅在几个短波频段上开发出了专用移动通信系统，具有代表性的是美国底特律警察使用的车载无线电系统。最初，该系统的工作频率为2MHz，到了20世纪40年代，使用频段提高到了30～40MHz。

（2）20世纪40年代中期至60年代初期，为移动通信的发展阶段。

随着移动通信应用范围的不断扩大，其服务范围也从专用网向公用网过渡，公用移动通信业务开始问世。此时的电话系统以大区制的人工接续为主，由于设备使用电子管器件，且可用频道较少，所以移动用户量的增长较为缓慢，只有几百个用户。该时期典型的系统为1946年贝尔电话公司在圣路易斯市建立的“城市系统”，它是世界上第一个公用汽车电话网，共有3个频道，频道间间隔为120kHz，通信方式为单工通信。随后，原联邦德国、法国、英国等相继研制出

公用移动电话系统。

（3）20 世纪 60 年代中期至 70 年代中期，为移动通信系统改进与完善阶段。

随着电子技术的发展，出现了自动交换方式和频率合成技术，使得可用的频道数大大增加，这一时期为移动通信推向商业应用的初级阶段。在此期间，美国推出了改进型移动电话系统（improved mobile telephone service，IMTS），它使用 150MHz 和 450MHz 频段，采用了大、中区制，使频谱利用率有较大的增加，且系统保密性增强，能实现无线频道自动选择和自动接续到公用电话网的功能，因而移动用户量日益增多。但是，由于这种系统的频谱利用率仍不高，许多用户的装机申请得不到满足。

大区制是指一个城市仅有一个无线区域覆盖。大区制的基站发射功率较大，无线区覆盖半径为 30～40km，适用于业务量不大的场合。其优点是设备简单、投资较小。缺点是难以进行频率复用。

中区制是指无线区域覆盖半径为 20km 左右，基站数量较多，在相距较远的两个无线区域可以实现频率的重复使用。中区制的网络结构较大区制复杂，且投资较大，但可容纳的用户较多，比较适合专用移动通信网。

（4）从 20 世纪 70 年代开始至今，公用移动通信系统共经历了四代的发展。第一代为模拟蜂窝移动通信系统；第二代为数字蜂窝移动通信系统；第三代移动通信系统以 CDMA 技术为核心，具有分组化、宽带化和智能化的特点，并能在全球范围内实现个人移动多媒体通信业务；第四代移动通信可以在各类媒体、通信主机和网络之间进行无缝连接，使得用户能够自由地在各种网络环境间无缝漫游，可以在跨越不同频带的网络中提供快速的宽带接入服务。

1. 第一代移动通信系统（1G）

随着用户数量增加，大区制所能提供的容量很快饱和，这些因素大大地推动了移动通信技术的发展。1978 年年底，美国贝尔实验室研制出先进移动电话系统（AMPS），建成了蜂窝状移动通信网。这一突破性的研究，使得移动通信系统的容量大大提高。蜂窝网，即小区制移动通信网，一般指覆盖半径为 2～10km 的多个无线小区组合而成的网络。蜂窝网可以实现信道频分复用，能较好地解决信道数有限问题，因此可容纳大量移动用户。小区制的基站发射功率很小，一般为 1～3W，因此大容量公用移动通信系统均采用小区制。此外，随着计算机和微电子技术的发展，通信设备逐渐趋于小型化、微型化，各种轻便电台被不断地推出，移动通信得到了快速发展，用户数量也迅速增加。

1983 年，蜂窝移动通信首次在美国芝加哥投入商业应用。随后，其服务区域在美国迅速扩大。到 1985 年 3 月已扩展到 47 个地区，约 10 万移动用户。在此之后，其他国家也相继开发出蜂窝公用移动通信网，其中以英国和日本推出的全接入通信系统（total access communication system，TACS）为典型代表。这些系统都属于模拟移动通信系统，系统采用程控交换机，并采用频分多址方式以提高无线信道资源的利用率，但是只能提供话音服务。随后蜂窝移动通信在世界范围内广泛应用，并开始走向繁荣。DynaTAC 8000X 是世界上第一部手机，由美国摩托罗拉公司制造。该手机重 2lb（1lb＝0.453592kg），持续通话时间约半小时，销售价格为 3995 美元，是名副其实的最贵重的砖头。

以 AMPS 为代表的第一代移动通信模拟蜂窝网，虽然取得了很大的成功，但也暴露了一些问题，如容量有限、制式太多、互不兼容、话音质量不高、不能提供数据业务、不能提供自动漫游、频谱利用率低以及通信费用较高等问题。

2. 第二代移动通信系统（2G）

为了解决模拟移动通信系统中存在的技术缺陷，2G 移动通信技术应运而生。2G 为数字移动通信系统，主要采用 TDMA 方式和 CDMA 方式对信道进行复用，可进一步提高系统容量。20 世纪 80～90 年代，在这十年间世界上先后出现了四种数字移动通信系统：欧洲的 GSM、美国的数字高级移动电话（digital advanced mobile phone service，D-AMPS）系统、日本的数字蜂窝系统（Japanese digital cellular system，JDC）和美国的 CDMA 系统。前三种系统均采用 TDMA 技术，第四种采用 CDMA 技术。其中，GSM 为世界范围内用户数最多、普及率最广的 2G 系统；美国的 D-AMPS 与模拟 AMPS 兼容，主要在美国使用；JDC 仅在日本使用；CDMA 系统以其频谱利用率高、辐射小的优势，在世界范围内得到了广泛应用。

20 世纪 90 年代中期，随着互联网在世界范围内的广泛应用，人们对移动通信提出了更高的要求。

（1）能够提供综合信息业务，如语音、数据和图像等多媒体业务。

（2）能够随时随地接入互联网，实现与有线网之间的数据通信。

（3）能够解决移动通信用户数增加与无线频率资源有限的矛盾。

（4）可以实现全球无缝覆盖和自动漫游。

为了解决上述问题，在 2G 与 3G 之间出现了 2.5G 移动通信技术，主要解决数字移动通信系统数据传输速率低和如何接入互联网的问题。GSM 在 2G 系统基础上增加了通用分组无线业务（general packet radio service，GPRS）部分，使数据传输速率从 9.6Kb/s 提高到 120Kb/s。CDMA 系统在原来的基础上发展成 CDMA1X 系统，而且 CDMA1X 具有后向兼容性，使得系统能够平滑过渡。CDMA1X 空中接口传输速率从 9.6Kb/s 上升到 150Kb/s 左右。2.5G 在一定程度上实现了用户数据通信速率的提高，如发送彩信、聊 QQ 等，也解决了移动用户接入互联网的问题。但要实现多媒体通信，如传输视频、多媒体数据等，2.5G 还远远不够。

3. 第三代移动通信系统（3G）

ITU 于 1985 年提出的 FPLMTS 为第三代移动通信系统的前身，1996 年更名为 IMT-2000，意为工作在 2000MHz 频段，并在 2000 年之后投入商业应用的全球移动通信系统。该系统的主要特点如下。

（1）提供全球无缝覆盖和自动漫游。

（2）支持固定点2Mb/s、步行384Kb/s、车辆行进144Kb/s速率的多媒体通信业务，并能接入互联网。

（3）能适应多种业务环境需要。

（4）频谱利用率高、容量大。

（5）能与第二代移动通信系统兼容。

与前几代移动通信系统相比，3G具有更宽的带宽和更高的数据传输速率。3G标准主要有三种，即CDMA2000、WCDMA和TD-SCDMA，这三种标准都采用码分多址接入技术。其中，TD-SCDMA为我国自主研发的3G制式标准。2007年，WiMAX正式被批准成为继WCDMA、CDMA2000和TD-SCDMA之后的第四个全球3G标准。3G网络能将高速移动接入和基于互联网协议的服务结合起来，可以提高无线频率利用效率，并实现与有线网之间的无缝连接，因此能为用户提供更经济、更精彩和更丰富的无线通信服务。

4. 第四代移动通信系统（4G）

随着数据通信与多媒体通信业务量的增加，适应高速移动数据、移动多媒体通信的第四代移动通信悄然兴起。ITU定义了4G的标准——符合100Mb/s数据传输速率，这意味着4G用户可以体验到最大100～150 Mb/s的下行数据传输速率，这是3G系统（速率为2.8～7.2Mb/s）无法达到的。但是，由3G向4G的演进必将是一个长期过程，目前的长期演进（long term evolution，LTE）与WiMAX等技术均为3G向4G演进的过渡阶段，只有升级版的LTE-Advanced才满足ITU对4G的要求。

5. 中国移动通信发展大记事

1987年11月18日，第一个TACS模拟蜂窝移动电话系统在广东省建成并投入使用。

1995年4月，中国移动在全国15个省市相继建网，GSM数字移动电话网正式开通。

2001年12月31日，中国移动关闭TACS模拟移动电话网，停止经营模拟移动电话业务。

2002年5月17日，中国移动GPRS（2.5G）业务正式投入商业应用。

2002年4月8日，联通新时空CDMA网络正式运行。

2003年1月28日，上海联通率先开通CDMA1X网络，标志着中国联通的CDMA移动通信全面进入了2.5G。

2003年7月，我国移动通信网络的规模和用户总量均居世界第一，手机产量约占全球的1/3，已成为名副其实的移动终端制造大国。

2008年，北京奥运会加快了中国3G建设的进程，我国自主研发的TD-SCDMA试商业应用。

2009年1月，中国移动、中国联通和中国电信三大运营商分获3G牌照，正式向用户提供3G移动服务。

2013年12月，三大运营商向中国10多亿手机用户正式推出4G商业应用服务。

据统计，截至2014年12月，我国移动用户数量为12.86亿，接近13.68亿的人口总数，相当于中国90%以上的人都在使用手机。

随着互联网应用的深入和智能手机的普及，移动互联网发展的速度已超出人们的想象。截止到2014年12月，我国的网民数为6.5亿，而手机网民就有5.6亿。

4.2 移动通信概述

4.2.1 稀缺的无线信道资源

移动通信利用电磁波在空气中的传播实现信号的收发。不同波长的电磁波，其传播方式和特点也是有差别的。按照波长不同可将无线电波分为长波、中波、短波和微波等，移动通信的通信频段主要位于短波至微波段。无线电波的波长和频率的划分如图4.1所示。

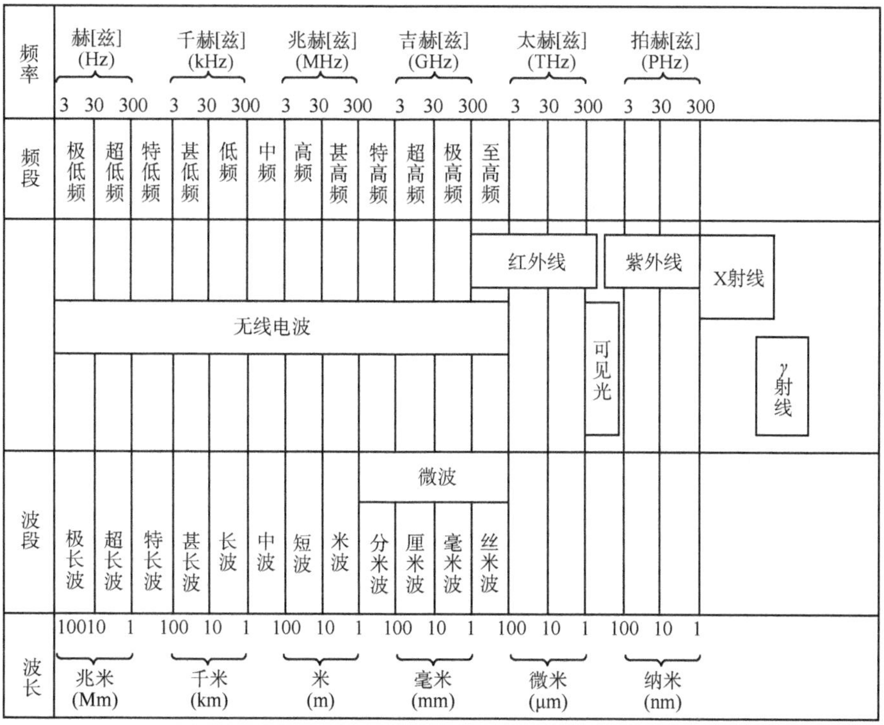

频率	赫[兹](Hz) 3 30 300	千赫[兹](kHz) 3 30 300	兆赫[兹](MHz) 3 30 300	吉赫[兹](GHz) 3 30 300	太赫[兹](THz) 3 30 300	拍赫[兹](PHz) 3 30 300
波长	兆米(Mm) 100 10 1	千米(km) 100 10 1	米(m) 100 10 1	毫米(mm) 100 10 1	微米(μm) 100 10 1	纳米(nm) 100 10 1

频段	极低频	超低频	特低频	甚低频	低频	中频	高频	甚高频	特高频	超高频	极高频	至高频
	无线电波											
波段	极长波	超长波	特长波	甚长波	长波	中波	短波	米波	微波			
									分米波	厘米波	毫米波	丝米波

红外线 可见光 紫外线 X射线 γ射线

图4.1 无线电波频段

电磁波在同一频段的干扰导致了无线频段资源的有限性。众所周知，有线通信通过电缆或光缆等物理介质传递信号，信号的传播路径是可以控制的，而且一条线路上的信号对另一条线路上的信号基本没有干扰。但是无线通信的传播环境要复杂得多，这是因为无线通信是利用电磁波来传递信息的，电磁波如同太阳光一样，是向四周发散传播的。在视距传播的情况下，无线电波的传播遵循自由空间传播模型，若两个信号频率相同，相距也不是太远，则必定会在空中相遇，彼此之间相互“纠缠”，从而造成干扰。人们没有办法改变电磁波在空气中的传播方向和性质，也就无法有效地控制相同频率信号之间的干扰。因此，若某个电信运营商用了其中一个频段在全国组网运营，其他运营商就不能再用这个频段了，否则两家用户信号就会干扰得无法使用。

移动通信中，手机与基站通过空中接口互相连接。空中接口是一个形象化的术语，它是基站和手机之间的无线传输规范，对应于有线通信中的线路接口。移动通信中的空中接口定义了每个无线信道的使用频率、带宽、接入时机、编码方法和越区切换准则等。因此空中接口频率对于电信运营商，无疑是最重要的战略资源。下面来看一组数据，以德国电信为例，3G 的 10MHz 通信频段竟然拍到了 77 亿美元的天价，每 1MHz 频段价值 7.7 亿美元，相当于 16t 黄金的价格。除此之外，不同频率的电磁波在空中的传播特性也不同，其抗干扰能力也有很大差异，例如，CDMA 所在的 800MHz 频段和 GSM 所在的 900MHz 频段，其信号穿透墙体和其他障碍物的损耗较小，因此 800～900MHz 的频段称为移动通信的黄金频段。以上这些因素都决定了频谱资源的稀缺性。在中国，无线频谱资源是由政府直接分配给运营商的，各运营商在各自频段上为用户提供通信服务，彼此之间互不干扰。

鉴于无线信道资源的稀缺性，各种提高频带利用率的编码技术和方案层出不穷。无论是第一代模拟蜂窝移动通信系统，还是 GSM、WCDMA、TD-SCDMA、LTE 乃至未来无线通信，移动通信的核心技术就是要解决无线频谱资源的复用问题。根据 ITU 规定，适宜于无线通信的波段是长波至微波波段，频率范围为 30kHz～300GHz。然而，要进行远距离的点对点通信，频率太低或太高都不太合适，因此，只有短波至分米波段较为合适，可用资源都能以兆赫兹来计算，相对于广大的用户群（全球移动用户已接近全球人口总数），简直是杯水车薪。研究表明，300MHz～3GHz 的波段最适合移动通信使用，因此各种移动通信系统的空中接口频率都集中在这一段，举例如下。

(1) 中国移动 GSM 的频段为：①基本型 GSM900M 频段为上行 890～915MHz，下行 935～960MHz，上下行各 25MHz 带宽，其中上下行之间有 45MHz 间隔；②增强型 GSM900M 频段为上行 880～890MHz，下行 925～935MHz，上下行各 10MHz 带宽，其中上下行之间有 45MHz 间隔；③为了进一步提高 GSM 容量，又开辟出 GSM1800 的频段，其上行链路为 1710～1785MHz，下行链路为 1805～1880MHz，上下行各 75MHz 频宽，其中上下行之间有 95MHz 间隔。

（2）中国联通 CDMA IS—95 的频段为：上行 825～835MHz，下行 870～880MHz，上下行各 10MHz 的带宽，上下行之间的间隔也是 45MHz。

（3）中国工业和信息化部为中国移动、中国电信和中国联通分配的 3G 频段分别为：①中国移动的 TD-SCDMA 获得了 1880～1920MHz、2010～2025MHz 两个频段，值得注意的是，TD-SCDMA 是时分双工（time division duplexing，TDD）方式，所以不像 GSM 和 CDMA 有上下行频段之分；②中国联通的 WCDMA 获得了上行 1940～1955MHz，下行 2130～2145MHz 频段，上下行各 15MHz 频宽，其中上下行之间留有 90MHz 间隔；③中国电信的 CDMA2000 获得了上行 1920～1935MHz，下行 2110～2125MHz 频段，上下行各 15MHz 频宽，其中上下行之间留有 90MHz 间隔。

4.2.2 移动通信的特点

早期的无线通信在固定点之间进行无线信息的收发。随着人类社会的发展，人们迫切希望能够随时随地进行信息的传递，因此就从固定点之间的通信渐渐过渡到移动通信。移动通信以其信息交流灵活、使用便捷等优势在全球范围内得到了迅速发展。

据统计，截至 2013 年 12 月，全球移动用户数量已经接近世界人口总数（71 亿），其中独立手机用户数约 44 亿，约占世界人口总数的 62%。预计到 2015 年年底，全球人口总数将超过 74 亿，而手机用户总数将高于 75 亿。用户数量超过人口数量的原因之一是：许多用户为了节省话费，购买了多个 SIM 卡，在经常出入的城市使用不同的手机号码，然而每一个 SIM 卡就被当成一个用户。此外，越来越多的人携带两部手机，一部用于工作，另一部用于个人生活。

与固定点间的通信相比，移动通信的突出优点就是便携性，具体说来有以下特点。

1. 移动性

移动性就是要求系统能够使处于移动状态中的物体保持通信的顺畅。无线通信摆脱了传输线的束缚，而移动通信使无线通信的站点更为灵活。

2. 多普勒效应

1842 年的一天，当奥地利数学家、物理学家多普勒（Doppler）路过铁路道口处时，恰逢一列火车从他身旁驰过，他发现随着火车由远而近，汽笛声逐渐变响，音调逐渐变高；而火车由近而远时，汽笛声则逐渐变弱，音调也逐渐变低。多普勒对这个物理现象产生了极大的兴趣，经研究发现，这是由于振源与观察者之间存在着相对运动，观察者听到的声音频率不同于振源原始频率，即频移现象，后人将其称为多普勒效应。移动通信中，当移动台移向基站时，频率将会变高；远离基站时，频率将会变低，所以在移动通信中要充分考虑多普勒效应。当然，在日常生活中，由于人们移动速度有限，不可能带来十分大的频率偏移。但多普勒频偏会对移动通信带来较大影响，造成信息收发的不准确，所以必须在技术上加以考虑，这也加大了移动通信技术的复杂性。

移动通信中，通信双方均处于运动状态，当发射机和接收机的一方或多方均处在运动中时，将会使接收信号的频率发生偏移，从而影响接收信号的可靠性，这就是多普勒效应，如图 4.2 所示。

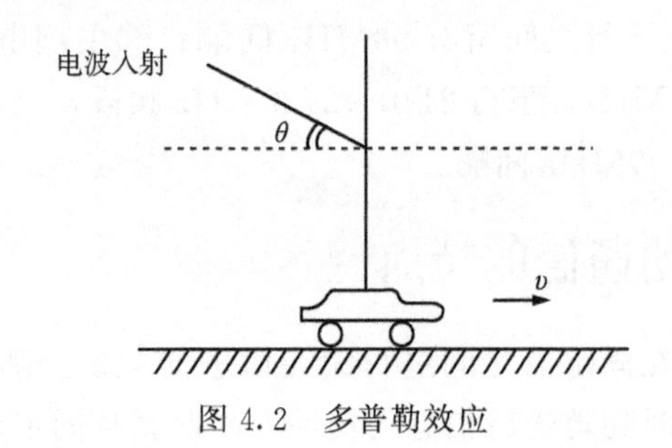

图 4.2　多普勒效应

移动体产生的多普勒频率为

$$f_{\mathrm{d}}=\frac{v}{\lambda}\cos\theta \tag{4.1}$$

式中，v 为移动速度；λ 为工作波长；θ 为电波入射角。可见，移动速度越快，入射角越小，多普勒效应的影响就越严重。因此，在航空移动通信和卫星通信中，由于移动体速度较快，使得 f_{d} 的值较大，所以对通信造成的影响必须考虑。

3. 多径传播

移动通信中，电波的传播条件较为恶劣，这是由于移动台的不断运动导致接收信号强度和相位随时间、地点不断变化。此外，移动台的天线高度一般都不太高（一般低于其周围的房屋、树木等障碍物），这使得地面物体对电波会产生反射和绕射作用，导致电波经过不同路径到达接收端，使得电波的传播呈现多径特点。多径传播时各条路径的电波相互干扰严重，使接收信号呈现快而深的衰落，即多径衰落（瑞利衰落），这将导致接收信号大幅度变化。在市区移动通信中，快衰落每隔半个波长左右的距离就会发生一次，最大深度可达 20～30dB。

4. 阴影效应

在电波传播过程中，由于沿途地形、地貌和建筑物密度、高度不同，将产生绕射损耗的变化，使得移动台接收到的信号还承受一些缓慢、持续的衰落，即慢衰落。在陆地移动通信中，慢衰落服从对数正态分布，标准偏差为 6～8dB，严重时可达 20dB。

5. 远近效应

蜂窝移动通信结构中，每个小区都会架设基站。在基站覆盖范围内，移动台靠近基站时场强最大，至服务区边缘时信号最小，两者之间的差异有几十分贝，这种现象称为远近效应。这就要求接收机必须有较大的动态工作范围。

6. 干扰严重

由于移动通信主要使用超短波频段，除了最常见的汽车点火噪声的干扰，其他如城市工业噪声、大气噪声、银河系噪声和太阳系噪声等都是移动通信的干扰来源。另外，由于移动台众多且频率拥挤，所以邻道干扰、同波道干扰和互调干扰等问题也尤为突出。

7. 系统和网络结构复杂

移动设备大多用于人体随身携带或装载于汽车、轮船、飞机等移动体上，不仅要求移动台体积小、重量轻、操作维护方便，而且要保证其具有抗振动、冲击和高低温等恶劣环境影响的性能。

此外，移动通信系统还应与市话网、卫星通信网和数据网等互连，因此整个网络结构是非常复杂的。总之，移动通信的电波传播条件十分复杂和恶劣，只有充分研究移动信道的特征，才能合理地组成各种移动通信系统。

4.2.3 移动通信系统的组成

一个基本的蜂窝移动通信系统由移动台（mobile station，MS）、基站（base station，BS）和移动电话交换中心（mobile switching center，MSC）三部分以及与之连接的链路组成，如图 4.3 所示。

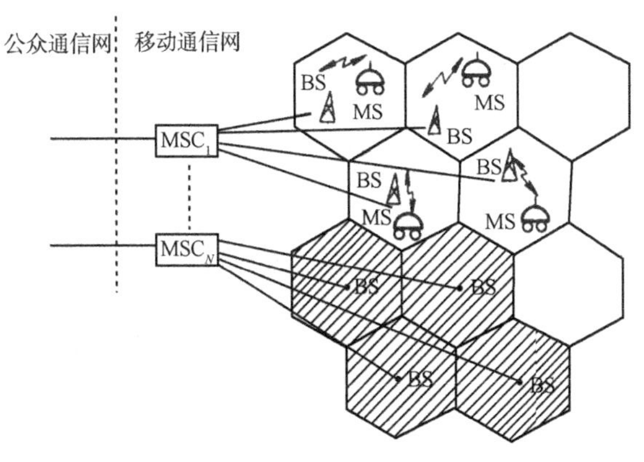

图 4.3 蜂窝移动通信系统

图 4.3 中，服务区由若干个六边形小区覆盖而成，并呈蜂窝状。移动台是车载台、便携台和手持台的总称，其中以手持台（手机）最为普遍。移动台包括控制单元、收发信机和天线。基站则分布在每个小区内，负责本小区内移动用户与移动电话交换中心之间的连接，它包括控制单元、收发信机组、天馈系统、电源与数据终端等。移动电话交换中心是所有基站、移动用户的交换控制与管理中心，它还负责与本地电话网的连接、交换接续和对移动台的计费。基站与移动电话交换中心之间通过微波、同轴电缆或光缆相连，移动电话交换中心通过同轴电缆或光缆与市话网交换局相连。

在日常生活中，手持台（手机）随处可见，而基站和移动电话交换中心对用户来说会有些陌生，它们由电信运营商负责管理维护。移动用户在获得入网许可的基础上才能使用移动网络，这就是为何手机不插 SIM 卡就不能使用的缘故。SIM 卡是用户识别卡，由运营商发放给用户，据此向授权用户提供移动通信服务。

移动通信的通信链路是如何搭建的呢？下面以手机呼叫应用为例来说明移动通信的过程。若移动用户甲需要与移动用户乙通话。首先，甲用户拨打乙用户的手机号码，号码信息则以无线方式通过甲用户的手机发射出去。若甲用户的位置属于基站 1 的辖区，则基站 1 就会接收到甲用户的通话申请，并记录被叫乙用户的号码。若此时乙用户不处于基站 1 的管辖范围，则基站 1 就会上报移动交换局。移动交换局指挥各基站向全网发出呼叫，当乙用户所在基站 2 获知呼叫信息后，就会发送应答信号给移动交换中心，告知被叫乙用户在基站 2 的辖区。当移动交换局收到应答后，就会为甲、乙两用户分配一个信道建立通信链路，并向乙用户传送振铃。乙用户获得振铃信息并接听，话路连接成功。

基站和手机之间是如何实现沟通的呢？手机之间的通信并不是仅两部手机之间实现信息的收发，而是与全网设备都有关的十分复杂的通信过程。简单来说，基站会定时发送一个导频信息给辖区内的手机用户，手机用户收到该信息后就会自报家门“我是 xx，归属地为 xx…”，基站就将手机的相关信息记录下来，以备查询使用，这就是基站和手机之间的握手信息，以此实现手机和基站之间的同步。若信号不佳，手机就会一次次加大功率来搜索基站信号，并不断尝试和基站联系，这便是在偏远山区或者信号不佳的地方，手机耗电比较快的原因了。

4.2.4 移动通信系统的分类

移动通信的种类很多，按使用要求和工作场合不同可以分为以下几种。

1. 集群移动通信

集群移动通信也称为大区制移动通信，属于早期的民用移动通信系统。它的特点是全网只有一个基站，天线高度为几十米至百余米，覆盖半径为30km，发射机功率可高达 200W。用户数约为几十至几百，可以是车载台，也可以是手持台。它们可以与基站通信，也可以通过基站与其他移动台及市话用户通信，基站与市话局之间通过有线连接。

2. 蜂窝移动通信

蜂窝移动通信也称为小区制移动通信，其特点是将整个大范围的服务区划分成许多小区，每个小区设置一个基站，负责本小区各个移动台的联络与控制，各个基站通过移动交换中心相互联系，并与市话局连接。利用超短波电波传播距离有限的特点，可以在相距一定距离的小区间重复使用频率，使频率资源得以充分利用。每个小区的用户数在1000以上。

3. 卫星移动通信

利用卫星转发信号也可实现移动通信，对于车载移动通信可采用赤道固定卫星，如车载GPS导航。而对于手持终端，则采用中低轨道的多颗星座卫星较为有利。

4. 无绳电话

对于室内外慢速移动手持终端的通信，可采用小功率、通信距离近、轻便的无绳电话机，它们可以经过通信点与市话用户进行单向或双向通信，其优点是资费低，且方便易用。

此外，根据系统中使用模拟信号还是数字信号，可以将移动通信系统分为模拟和数字两大类。早期的蜂窝系统属于模拟移动通信系统，后来为了解决容量、通信质量和服务功能问题，数字移动通信诞生了。从制式上或多址复用方式角度出发，可将其分为FDMA、TDMA和CDMA三种。随着科学技术的发展，除蜂窝电话系统外，宽带无线接入系统、智能传输系统等也相继投入使用，移动网与宽带固定网的融合趋势越来越明显。

4.3 移动通信基本技术

4.3.1 多址技术

移动通信中，多个用户需要同时通过一个基站与其他用户通信，因而必须对不同用户和基站之间通信的信号赋予不同的特征，使基站能从众多用户中区分出哪一个是所选用户的信号，而各用户也能从基站发出的众多信号中识别出哪一个信号是发给自己的。解决这个问题的办法称为多址技术。

多址技术的基本类型有FDMA、TDMA和CDMA三种。实际移动通信系统中还会用到这三种多址方式的混合方式，如TDMA/FDMA、CDMA/FDMA等。

1. FDMA

通常情况下，信道提供的带宽往往比传送一路信号所需的带宽要宽得多。因此，一个信道只传输一路信号是非常浪费的。FDMA 就是将整个可分配的频谱划分成若干等间隔的子频道（或子信道），每个子信道可以传输一路话音或控制信息。在系统的控制下任何一个用户都可以接入这些信道中的任何一个子信道，即 FDMA 以不同的频率信道实现频谱资源的重复使用，如图 4.4（a）所示。

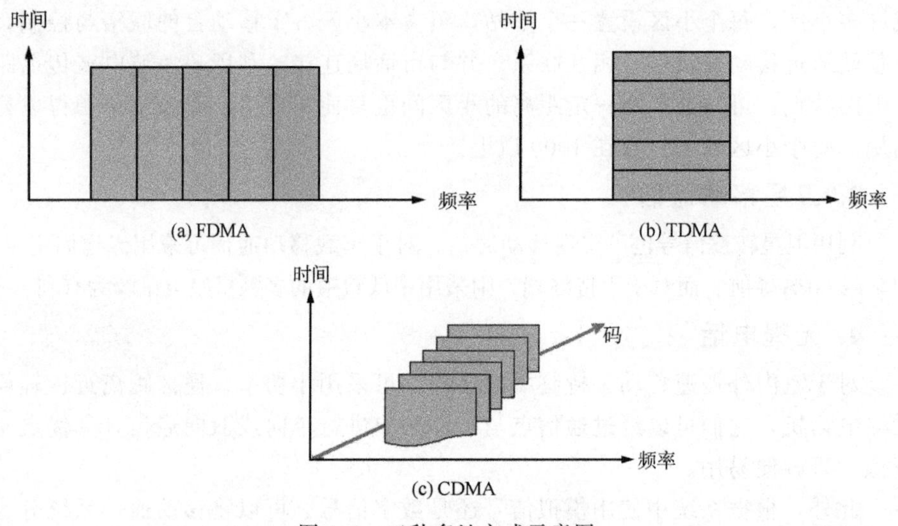

图 4.4　三种多址方式示意图

早期的模拟蜂窝系统采用 FDMA 方式。生活中，FDMA 复用的例子也有很多，电视台就是利用频分复用来区分每个电视频道的。频道指的就是频率段，不同的电视台占用不同的频率段，以便与其他电视台进行区别，这也是频分复用。例如，中央电视台 CCTV1、CCTV 新闻或 CCTV 中文国际等分属于不同电视频道。再如广播系统，调频 106.1 中央人民广播电台（中国之声）、调频 90 中央人民广播电台（音乐之声）等都是频分复用的典型应用。但是移动通信网和广播电视网又有不同，广播电视网基站将各频段的电台信号以广播方式向无限空间辐射信号，其接收设备是收音机或电视机，只要对准所选频段接收信号，是不会产生频道间干扰的。这种广播方式是单向通信，即接收设备不能向电台发信号，而移动通信属于双向通信。因此在移动通信网中，基站分配给用户的信道包含一对频谱：一个频谱用作前向信道，即基站向移动台方向的信道；另一个则用作反向信道，即移动台向基站方向的信道。这种通信系统的基站必须同时发射和接收多个不同频率的信号，任意两个移动用户之间进行通信都必须经过基站的中转，因此每个用户必须同时占用两个信道（一对频谱）才能实现双工通信。

FDMA 中各个用户使用不同频率的信道，所以相互间没有干扰。FDMA 系统的最大优点是频率复用率高，容许复用的路数多，分路也很方便，因此称为第一代模拟移动通信的基本技术，早期的移动通信大多使用这种多址方式。频分复用系统的主要缺点是设备生产比较复杂，由于滤波器件特性不够理想会产生相邻信道间干扰。此外，由于每个移动用户进行通信时占用一对频率，所以频带资源的开销仍然很大，特别是随着移动通信用户数的迅猛增长，FDMA 系统容量不足的缺点日趋明显。

2. TDMA

随着科技的进步，数字通信登上了历史舞台。模拟信号经数字化以后，其带宽会增加几十倍甚至上百倍，带宽的增加意味着系统的开销变大，并且随着移动用户数的成倍增长，单纯依靠频分复用技术显然不能满足移动通信业务量的需求，因此 TDMA 技术应运而生。

TDMA 是将传输时间分割成周期性的帧（时间片段），每一帧再分割成若干个时隙，每个移动用户占用一个时隙，该用户只能在这个指定的时隙内收发信号，即 TDMA 是以不同的时隙来区分用户的，从而实现通信，如图 4.4（b）所示。在满足定时和同步的条件下，基站可以分别在各时隙中接收到各移动终端的信号而不会发生混扰。同时，基站向多个用户终端发送的信号，也按时间顺序安排在预定的时隙中，各用户终端只要在指定的时隙内接收，就能在合路的信号中将属于自己的信号区分出来。TDMA 有效解决了 FDMA 中用户独占信道的问题，使得多个用户轮流占用信道，进行信息的收发，从而使系统的容量得到进一步提升。因此 TDMA 在 2G 的 GSM 网络中得到了广泛应用。

采用 TDM 制的 PCM 数字电话集群系统中，A 律系列以 64Kb/s 的 PCM 信号为基础。在 A 律编码中，抽样频率为 8000Hz，帧周期为 125μs。一帧周期内的时隙安排称为帧结构。A 律 PCM 基群中，一帧共有 32 个时隙（30 路话音信号时隙对应着 30 个用户的话音信息，2 路信令时隙控制着收发两端信号的同步）。由 PCM30/32 系统的帧结构可知，一帧周期为 125μs，一路时隙时间为 3.9μs，即一帧内为每个用户分配 3.9μs 的信息传输时间，且一帧内每个用户只轮一次。在 GSM 的 TDMA 中，定义帧为每个载频中所包含的 8 个连续的时隙（TS0～TS7），相当于 FDMA 系统中的一个子频道供给 8 个用户轮流使用（每个用户占用一个时隙）。

TDMA 系统具有以下特性。

（1）TDMA 系统在每个子频带上产生多个时隙，每个时隙都是一个用户信道，在基站控制分配下，可为更多用户提供话音或非话音业务。

（2）TDMA 传输速率高。高速率传输也带来了时间色散，使时延扩展加大，所以必须采用自适应均衡技术。

（3）由于 TDMA 分成时隙传输，收信机在每一突发脉冲序列上都要重新获得同步。为了将一个时隙和另一个时隙分开，保护时间间隔也是必需的。因此，TDMA 系统通常比 FDMA 系统需要更多的系统开销。

（4）共享设备的成本低。由于每个载频可为多个客户提供服务，所以与FDMA系统相比，TDMA系统共享设备使得每个客户的平均成本大大降低了。

（5）移动台设计较复杂。

TDMA的一种变形是在一个单频信道上进行发射和接收，称为时分双工。时分双工最简单的结构就是利用两个时隙分别进行发送和接收，如当手机发射时，基站接收；当基站发射时，手机接收，两者交替进行。

3. CDMA

CDMA是一种利用扩频码实现的多址方式，即CDMA以不同的代码序列实现多个用户共享信道资源，与FDMA和TDMA将用户的信息从频率和时间上进行分离不同，CDMA直接在码域进行区分，如图4.4（c）所示。CDMA基于扩频通信技术，而扩频通信是指将需传送的具有一定信号带宽信息，调制为一个带宽远大于信号的高速伪随机码，使原信号的带宽扩展，然后再经载波调制并发送出去。在接收端使用完全相同的伪随机码，并与接收到的带宽信号进行相关运算，就可以将宽带信号还原成原始信号。扩频通信最大的优点就是能实现保密通信，若接收端不知道调制时所用的伪随机码，即使截获信息也无法实现解调。CDMA技术的关键是寻找一组两两正交的正交码序列，并用这组正交码去调制一组用户信息，使得多用户信息也能保持两两正交，互不干扰。这样，经调制后的多个用户信息就可以在同一信道同时传输了。理论上讲，有多少个互为正交的码序列，就可以实现多少个用户同时在同一个载波上通信。每个用户都有自己唯一的地址代码（伪随机码），同时接收机也知道该代码。根据正交性原理，接收机根据相应的地址代码就能从所有其他信号的背景中恢复出原来的信息码（这个过程称为解扩）。

下面举例说明CDMA的含义。假如教室里有50个同学，每个同学都用正常的音量在教室里用中文说话，则整个教室必定乱哄哄的，人们会不断地被其他人的谈话所干扰，想听的或不想听的都充斥着你的耳朵，甚至你也无法与其他人沟通。如果大家采用不同的语言，如你用中文，张三用阿拉伯语，李四用俄语，王五用西班牙语，则情况要好很多。希望与你谈话的同学就说中文（作为扩频码），尽管背景噪声很嘈杂，但你还是可以很好地分辨出他的声音。其他语种的谈话（扩频码）对你来说都无法识别，可以当成背景噪声直接滤除。需要注意的是，这里所说的扩频码必须满足正交性。正交的概念就是互不相关，即一个信号的变化不会影响到其他信号。在本例中，阿拉伯语、俄语和汉语属于不同语系，因而适合作为扩频码。因此码分复用所采用的扩频码之间，必须正交才能有效区分不同用户。

4. 三种多址方式的区别

本节借助一个例子形象地描绘这三种多址方式。假如在某大厦举行毕业生招聘会，交流方式基于FDMA技术，即每个一对一的面试都安排在独立的房间内进行，这个房间就代表分配给面试双方的频段，招聘人员和应聘学生在房间内彼此可以清晰地听到对方说话。既然房间里只有两个人，因此说话声音大一点也无所谓（对于像GSM这样基于FDMA/TDMA的系统，功率控制远没有CDMA系统重要）。若一个楼层内只有10个房间，在FDMA方式下一次只能进行10场面试，假如有几百个学生前来面试该怎么办呢?显然采用FDMA就解决不了问题了。此时，让TDMA技术作为补充是个不错的选择。同样几百人的面试，每个应聘的学生进入房间面试的时间不能太久，交谈一段时间后就必须让给下一个学生（若5min作为一个周期，每位学生交谈5min后就要让出房间），这样通过依次轮替的方法可以让更多的学生有面试的机会，因此提高了系统容量。而CDMA更像是鸡尾酒宴会，大家可以在一个大房间里进行交谈。既然都是在一个屋子里，如果都是用中文说话，就会有很大的麻烦。人们会不断地被别人的谈话所干扰，甚至无法进行正常谈话。此时，如果大家用不同的语言来交流，情况就会好得多。例如，使用中文谈话的来宾之间可以较好地分辨出彼此的声音，如果听到了用其他语言的谈话，只当是背景噪声直接过滤即可。但鸡尾酒宴会上人们是不能大声说话的，否则会影响其他人的交谈（功率控制是CDMA系统中重要的一环）。

GSM采用FDMA和TDMA来区分用户终端，而CDMA则根据不同的扩频码来区分不同的用户终端。

如果现有5MHz的频段，GSM的频谱分配方案如图4.5所示。

		时分							
		时隙1	时隙2	时隙3	时隙4	时隙5	时隙6	时隙7	时隙8
频分	频点1	用户1	用户2	用户3	用户4	用户5	用户6	用户7	用户8
	频点2	用户9	用户10	用户11	用户12	用户13	用户14	用户15	用户16
	频点3								
	频点4								
	频点5								
	频点6								
	频点7								
	频点8								
	⋮								
	频点25								用户200

图4.5 FDMA/TDMA示意图

系统将可用的5MHz的频段分成25个子频段，每段宽200kHz。多个用户在200kHz上实现时分多路复用。本例中，每个子频段上有8个时隙，8个用户分时占用200kHz子频段收发信息。

同样是5MHz带宽，CDMA的频谱分配方案却不同，如图4.6所示。

		5MHz 频宽
码分	扩频码 1	用户 1
	扩频码 2	用户 2
	扩频码 3	用户 3
	扩频码 4	用户 4
	扩频码 5	用户 5
	扩频码 6	用户 6
	扩频码 7	用户 7
	扩频码 8	用户 8
	⋮	⋮
	扩频码 N	用户 N

图4.6　CDMA示意图

由图4.6可知，在CDMA中频分和时分的概念都没有了，所有用户都能占用5MHz频宽，用户之间的区分依靠相互正交的扩频码。

CDMA以其优良的性能成为3G的核心技术，然而作为CDMA的基础——跳频技术，却很少有人知道其发明者海蒂·拉玛（Hedy Lamarr）是一位美丽的好莱坞影星。海蒂·拉玛对跳频通信的研究始于第二次世界大战期间，当时交战双方都采用干扰鱼雷引导信号的方法使鱼雷偏离预定目标。海蒂·拉玛的丈夫是一位武器制造商，这使得她有机会了解有关武器的知识，并对如何规避鱼雷引导信号被干扰的方法产生了极大兴趣，最终研究出了跳频通信方法，并获得了该项技术的专利。跳频的基本思想是为了避免信号受到干扰而将工作频段从一个频率跳到另一个频率，且信号的发射者和接收者所采用的频率必须同步。20世纪50年代中期，跳频技术主要用于军事通信。冷战结束后，跳频技术渐渐趋于商业化，广泛应用于公共移动通信领域。与此同时，晶体管的发明和应用使得跳频技术的实现变得简单。跳频技术后来演化成扩频通信，并成为CDMA技术的基础。1985年，美国高通公司研发出CDMA无线数字通信系统，并凭借着CDMA技术，现已成为通信业界一颗耀眼的明星。高通公司联合创始人安东尼奥（Antonio）给了海蒂·拉玛极高的评价：她有一个非常惊人的专利，人们通常都想不到电影明星有什么头脑，但她确实有。由于海蒂·拉玛在跳频通信领域的突出贡献，她被誉为“CDMA之母”。

4.3.2 蜂窝组网技术

如前面所述，空中接口的频率资源非常珍贵，如何提高频率的利用率成为移动通信领域需要解决的一个重要问题，人们希望在有限的频段内尽量支持更多的用户。20 世纪 60 年代，美国推出了改进型移动电话系统（IMTS），该系统采用大区制架构，基站通常建在高塔上，并采用大功率的发射机来辐射信号，大约能覆盖 2800km 范围。但它只有 12 个频道，只能支持 12 个用户同时通话，显然这无法满足移动用户数爆炸式增长的要求。为此可将一个移动通信服务区划分成许多小区（cell），每个小区设立一个基站，并与用户移动台之间建立通信。小区的覆盖半径较小，可从几百米至几十千米。如果基站采用全向天线，覆盖区域实际上是一个圆。但从理论上说，圆形小区邻接会出现多重覆盖或无覆盖，有效覆盖整个平面区域的实际上是圆的内接规则多边形，这样的规则多边形有正三角形、正方形和正六边形三种，如图 4.7 所示。后来人们在蜜蜂建造的房子——蜂巢上找到了灵感。在建筑学上，蜂巢是经济高效的结构方式，它是正六边形结构，可以用最少的小区数覆盖整个区域。对于移动通信组网，采用正六边形结构最接近圆形。对于同样大小的服务区，采用正六边形所需的小区数最少，因此所需频率组数也最少，信号交叠区域也最小，所以正六边形组网是最经济的方式。

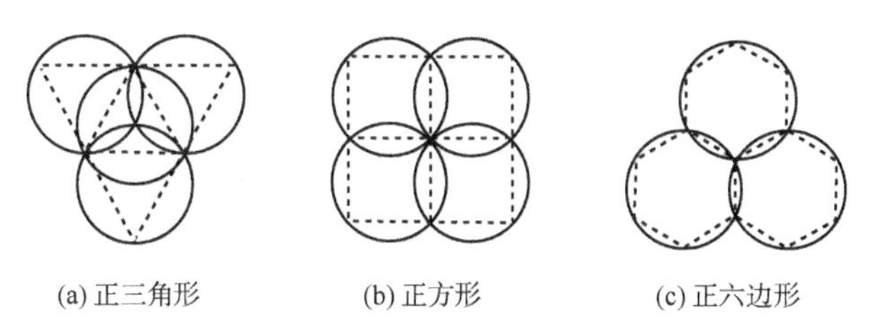

图 4.7　三种规则多边形

蜂窝组网结构如图 4.8 所示，每一个小区由一个小功率的基站提供服务，负责和本小区移动台间的信息收发。当移动台移动到另一个小区时，需要越区切换。由于这些基站影响的范围比较有限，所以同一频谱可以在远离一定距离的另一个小区中再次使用，频率复用和越区切换的操作方式相结合就构成了蜂窝组网的主体。蜂窝组网方式既有效避免了频率冲突，又可使同一频率多次使用，因此节省了频率资源。这一理论巧妙地解决了有限频率资源与众多高密度用户需求量的矛盾，同时也解决了跨越服务覆盖区信道自动转换的问题。蜂窝电话的英文名字为 cell phone，cell 有细胞的意思，这就不难想象它的一个模式——可以无限划分。

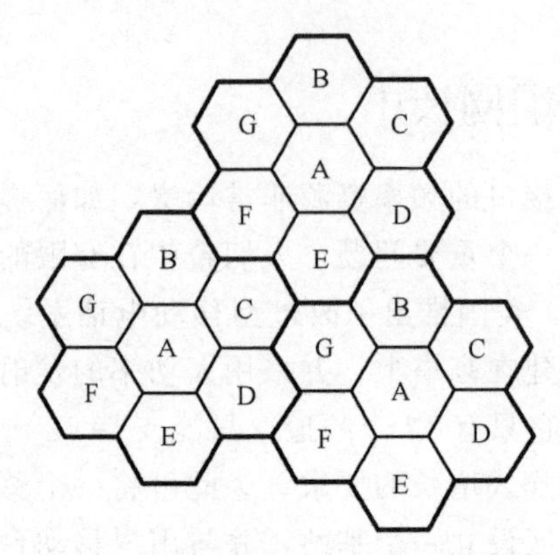

图 4.8　蜂窝结构图（7 小区频分复用）

图 4.8 所示为 7 小区频分复用的示意图，图中将信道可用带宽分为 7 份（子信道），在一个区群（包含 A、B、C、D、E、F、G7 个小区或蜂窝）的 7 个小区内使用不同的子频段传输信号，这样可以避免相邻小区的同频干扰；而在相邻区群中，使用相同的 7 个子频段传输信号，实现频分复用。在大区制模式下，一对频率只能给一对用户使用，因此能容纳的用户数和信道利用率都很低。小区制模式下，相邻的小区之间可以实现频率的重复使用，大大提高了信道利用率。蜂窝组网技术真正解决了移动通信系统频率资源有限问题，在移动通信发展史上留下了辉煌的一笔，蜂窝小区制通信的结构一直沿用至今。

4.4　GSM 蜂窝移动通信网

GSM 是基于 TDMA 的数字蜂窝系统，属于第二代移动通信系统，为世界上绝大多数国家所采用。GSM 是欧洲电信标准组织（European telecommunications standards institute，ETSI）制订的数字移动通信技术规范，任何一家厂商提供的 GSM 数字蜂窝移动通信系统都必须符合 GSM 技术规范。

GSM 作为一种开放式结构和面向未来设计的系统，具有以下主要特点。

（1）系统由几个子系统组成，并且可与各种公用通信网（如 PSTN、ISDN 等）互连互通。各子系统之间或各子系统与各种公用通信网之间都明确和详细定义了标准化接口规范，保证任何厂商提供的 GSM 或子系统能互连。

（2）能提供国际自动漫游功能。

（3）除了可以开放话音业务，GSM 还可以开放各种承载业务、补充业务和与 ISDN 相关的业务。

（4）具有加密和鉴权功能，可以确保用户保密和网络安全。

（5）具有灵活、方便的组网结构，频谱利用率高，移动业务交换机的话务承载能力较强，可以保证在话音和数据通信两方面都能满足用户对大容量高密度业务的要求。

（6）抗干扰能力强，在覆盖区域内通信质量高。

4.4.1 GSM结构

GSM蜂窝移动通信系统由移动台（MS）、基站子系统（base station subsystem，BSS）、网络子系统（network switched subsystem，NSS）和操作维护中心（operations and maintenance center，OMC）四部分组成，如图4.9所示。NSS包括MSC、访问位置寄存器（visitor location register，VLR）、归属位置寄存器（home location register，HLR）、鉴权中心（authentication center，AUC）和移动设备识别寄存器（equipment identity register，EIR）；BSS包括基站控制器（base station controller，BSC）和基站收发信台（base transceiver station，BTS）。GSM和其他网络如PSTN、公用陆地移动通信网（public lands mobile-communication network，PLMN）之间都有接口。

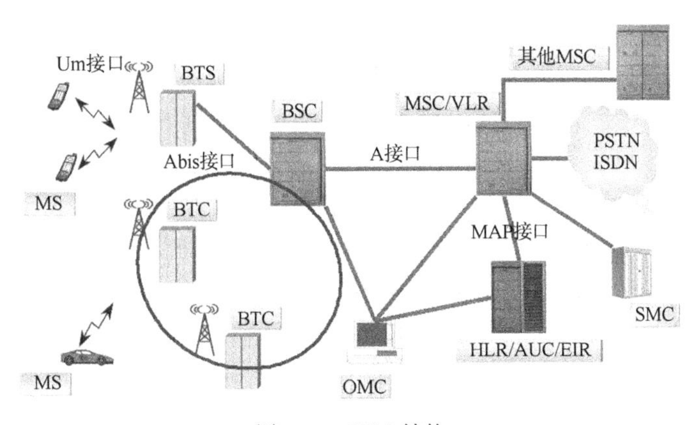

图4.9 GSM结构

1. MS

MS由SIM卡与机身设备组成。SIM卡是一种符合国际标准化组织（international organization for standardization，ISO）标准的智能卡，包含所有与用户有关的信息和某些无线接口的信息，其中也包括鉴权和加密信息。使用GSM标准的MS都需要插入SIM卡，只有在紧急呼叫时，可以在不用SIM卡的情况下操作MS。SIM卡的应用使MS并非固定地束缚于一个用户，可见GSM是通过SIM卡来识别移动电话用户的，这也是个人通信的基础。

2. BSS

BSS的任务就是实现BTS与MS之间，通过空中接口进行无线传输和相关

控制功能。

BSS由BTS和BSC的功能实体构成。BTS属于基站子系统的无线部分，由BSC控制，负责某个小区无线信号的收发。BSC是BSS的控制部分，提供MS与NSS之间的接口管理，承担无线信道的分配与释放。此外它还是基站和MSC之间的纽带，负责和MSC通话以完成移动台切换和功率控制管理。一个基站控制器可根据话务量需要，控制数十个甚至上百个BTS和若干无线信道（大约是一座城市的区域）。BTS可以直接与BSC相连接，也可以通过基站接口设备，采用远端控制的连接方式与BSC相连接。

3. NSS

NSS主要负责GSM的交换功能、用户的移动性管理和安全性管理所需的数据库功能，对GSM移动用户之间通信和GSM移动用户与其他通信网用户之间的通信进行管理。

（1）MSC。MSC是整个网络的核心，负责协调、控制GSM网络中BSS、OMC等各个功能实体。MSC是无线移动通信系统与另一个移动通信系统或陆地公共网的接口设备。MSC可从三种数据库，即HLR、VLR和AUC获取用户位置登记和呼叫请求所需的全部数据。相应地，MSC也会根据新获取的信息请求及时更新其数据库。作为网络的核心，MSC支持位置登记、越区切换和自动漫游等网络功能，MSC还可为移动用户提供电信业务、承载业务和补充业务。

（2）HLR。HLR是GSM的中央数据库，存储着所管辖的所有注册用户的相关数据。一个HLR能够控制若干个移动交换区域和整个移动通信网，所有移动用户重要的静态数据都存储在HLR中，内容包括移动用户识别号码、访问能力、用户类别和补充业务等数据。HLR还为MSC提供移动用户实际漫游时相关的动态信息，如漫游所在的MSC区域数据，以方便MSC及时掌握用户的状态信息。

（3）VLR。VLR为一个动态用户数据库，服务于其控制区域内的移动用户，存储着进入其控制区域内已登记的移动用户相关信息，并为已登记的移动用户提供建立呼叫接续的必要条件。VLR从该移动用户的HLR处获取并存储必要的数据。一旦移动用户离开该VLR的控制区域，则重新在另一个VLR登记，此时原VLR将取消临时记录的该移动用户数据。因此，通常VLR和MSC在同一物理实体中。

（4）AUC。AUC负责管理和提供用户合法性和安全性的保密数据，从而实现用户鉴权，保护空中接口，防止非法用户的假冒。AUC在HLR的请求下产生用户专用的一组鉴权参数，并由HLR传给VLR。

（5）EIR。EIR存储着移动设备的国际移动设备识别码（international mobile equipment identity，IMEI），使得运营部门对于无论失窃还是由于技术故障或误操作而危及网络正常运行的MS设备，都能采取及时的防范措施，以确保网络内所使用移动设备的唯一性和安全性。

对于超大规模的GSM（拥有多个乃至几十个移动交换中心），在一个系统中可设置一个或几个移动网关交换中心（gateway mobile switching center，GMSC）负责全网的运行。

4. OMC

OMC的作用是完成BSS和NSS的网络运行和维护管理。

移动通信网就好比一个行政机构，手机就好比每个职员，BTS就好比科室，BSC就好比部、处，MSC就好比管理局，而VLR和HLR就是部、处和管理局的档案科，AUC则是行政机构的监察机构。

下面举一个例子来说明GSM的工作流程。小王是北京人，她在北京某营业厅办理了一个手机号码，那么该市的HLR将记录这部手机的相关信息。国庆期间她到上海旅游，这时她的手机就处于漫游状态。假设漫游到上海市某个基站B1，这时基站B1就获取该手机发送的请求信号，并把该信号传送到北京市的HLR中，有专门的逻辑器件对HLR和VLR进行对比，从而识别该手机是否为漫游状态，并根据该手机的计费方式、话费余额来决定是否允许该用户通话，避免欠费停机情况下为手机提供异地服务。当有人拨打小王的手机时，电话即可直接呼叫到她目前所在位置，即上海市的基站B1，而不需要绕到北京市的基站。

4.4.2 GSM主要接口

GSM的主要接口是指A接口、Abis接口和Um接口，如图4.9所示。这三种主要接口的定义和标准化能保证不同供应商生产的MS、BSS和NSS设备能纳入同一个GSM数字移动通信网运行和使用。

1. A接口

A接口为NSS与BSS之间的通信接口，从系统的功能实体来说就是MSC与BSC之间的互连接口，其物理连接通过采用标准的2.048Mb/s PCM基群数字传输链路来实现。此接口传递的信息包括移动台管理、基站管理、移动性管理和接续管理等。

2. Abis接口

Abis接口定义为BSC和BTS之间的通信接口。物理连接通过采用标准的2.048Mb/s或64Kb/s PCM数字传输链路来实现。此接口支持所有向用户提供的服务，并支持对BTS无线设备的控制和无线频率的分配。

3. Um接口

Um接口（空中接口）定义为MS与BTS之间的通信接口，用于MS与

GSM 固定部分之间的互通，其物理连接通过无线链路实现。此接口传递的信息包括无线资源管理、移动性管理和接续管理等。

GSM 除了上述 3 个主要接口外，网络子系统的各功能实体之间还存在若干内部接口，统称为 MAP 接口。这里不再赘述。

4.4.3 GSM 管理

1. GSM 的安全性管理

GSM 主要有以下安全性措施。

（1）接入网络时对用户进行鉴权。

（2）无线路径上对通信信息加密。

（3）采用国际移动用户识别码（international mobile subscriber identification number，IMSI）对移动设备进行识别。

（4）采用临时移动用户识别码（temporary mobile subscriber identity，TMSI）对用户的 IMSI 进行加密保护。移动用户的 TMSI 与 IMSI 是对应的，在呼叫建立和位置更新时，空中接口传输需要使用 TMSI。

2. GSM 的移动性管理

移动通信最大的优点在于用户可以随时随地享受通信服务，但移动性却为网络运行带来了麻烦。与固定网络通信不同的是，移动网需要根据用户位置的改变动态地进行管理。根据 MS 当前状态的不同，可将其分为切换管理和漫游管理。

1）切换管理

在 MS 通话过程中，不中断通话而进入新的服务小区，并由新小区提供服务的过程称为切换。将 MS 对相邻小区信号强度的测量报告、BTS 接收移动台信号的强度、通话质量和通信距离等参数汇总到 BSC，由 BSC 进行评估判断是否需要切换。此外，切换条件还有 BSS 负荷调整、来自 OMC 的请求等。当需要切换时，网络必须为正在通信的移动台提供切换到新小区的频道，以便维持通信的连续性。

图 4.10 为相同 MSC、不同 BSC 控制小区间的切换示意图。

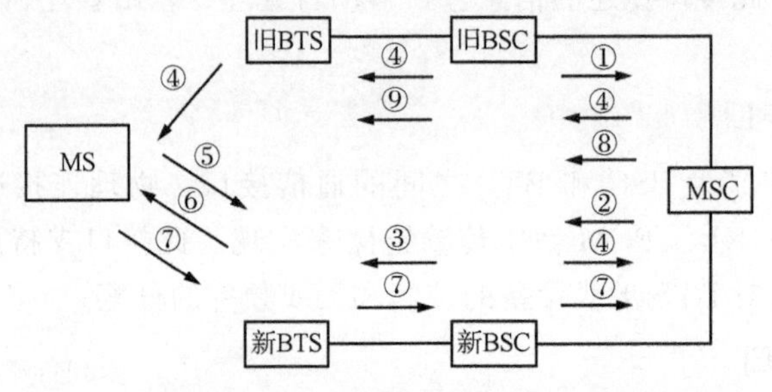

图 4.10 相同 MSC、不同 BSC 控制小区间的切换

切换过程如下。

（1）旧 BSC 将切换请求与切换目的小区标识一起发给 MSC，MSC 判断 MS 目前属哪个 BSC 控制，并向新 BSC 发送切换请求。

（2）新 BSC 预订。

（3）新 BSC 为切换请求寻找目标 BTS，并激活一个子信道，接着将包含有频率、时隙和发射功率的参数通过 MSC 和旧 BSC 传到 MS。

（4）MS 在新频率上通过子信道发送接入突发脉冲；新 BTS 收到此脉冲后，将时间提前量信息回送至 MS。

（5）MS 通过新 BSC 发送切换成功信息至 MSC；MSC 命令旧 BSC 释放 MS 之前占用的子信道，至此切换完成。

2）漫游管理

漫游是指移动用户在离开本地区或本国时，仍可以在所到地区或国家继续享受移动通信服务。漫游可在网络制式兼容且已经联网的国内城市间或已经签署双边漫游协议的地区或国家之间进行。简言之，漫游发生在 MS 的移动位置超出所在移动网 MSC 的管辖范围时，具体的漫游管理方法此处不再赘述。

4.4.4 GPRS 概述

一般来说，技术的演进具有延续性，GSM 和 CDMA1X 移动通信系统都属于 2G 系统，若直接从 2G 迈入 3G，则实现的技术难度非常大。因此，在 2G 向 3G 过渡的过程中出现了 2.5G——GPRS。

GPRS 是一种叠加在 GSM 上的网络逻辑实体，它共用了 GSM 网络的 BSS，并采用与 GSM 相同的频段和 TDMA 帧结构，提供中速率数据传输。GPRS 以分组交换技术为基础，采用 IP 数据网络协议，使 GSM 网的数据业务突破了最高速率为 9.6Kb/s 的限制，可达 172Kb/s，能够实现在线聊天、收发邮件、浏览网页和下载资料等基本网络应用。通过增加相应的功能实体和对 GSM 基站系统进行部分改造和软件升级，GPRS 突破了 GSM 网的电路交换方式，实现了分组交换，大大提高了信道利用率。这种改造的成本相对较小，但用户数据速率的提高却相当可观。GPRS 在原有 GSM 网络的基础上增加了通用分组无线业务服务支持节点（serving GPRS support node，SGSN）与通用分组无线业务网关支持节点（gateway GPRS support node，GGSN）等功能实体，使得 GSM 网络对数据业务的支持从网络体系上得到了加强。GPRS 支持通过 GGSN 实现与公众分组交换数据网（packet switched public data network，PSPDN）和 IP 网络的直接互连。

GPRS 的特点归纳如下。

（1）GPRS 的目的是提供较高速率的分组数据业务，它采用分组交换方式，只在实际传送或接收数据时才占用无线资源。对突发性数据传输可按需分配业务信道，实现多时隙配置，从而提高信道利用率和传输速率。

(2) GPRS具有持续在线的特点，即用户可随时与网络保持联系。当没有数据传送时，手机进入一种准休眠状态，释放所用的无线信道，这时用户与网络之间保持一种逻辑上的连接。

(3) GPRS的计费是根据用户传输的数据量来计算的，只要没有传输数据，即使一直在线也不需要另外付费。

(4) GPRS还具有数据传输与话音传输同时进行或切换进行的优势，可实现电话、上网两不误。

GPRS的理论极限速率为172Kb/s，但实际值要低一些，这是因为如果达到极限速率，用户必须占用子信道中所有可用时隙，并且没有任何容错保护，更难以容忍的是无法进行话音通信。为了进一步提高传输速率，GPRS的演进版——EDGE (enhanced data rate for GSM evolution) 出现了。它采用一种新的调制方法，即多时隙操作结合8PSK调制技术 (8PSK可将GSM网的信息传输速率提高3倍)，可以在现有频率资源的条件下，提供高速的数据业务，使得最高传输速率达到474Kb/s，并且网络容量和质量都得到了大幅提升，因此EDGE也称为2.75G。

GSM就好比以前的火车站，只发送快车 (GSM的话音业务)。随着社会的发展和人们快速出行的需求，现已开始发送动车 (GPRS业务) 和高铁 (EDGE业务) 了。

4.5 CDMA移动通信系统

CDMA移动通信系统采用CDMA技术，系统的频谱利用率高、容量大，且采用软切换技术，具有抗窄带干扰能力强、系统容量大等优点，具体如下。

(1) 频谱利用率高，系统容量较大。CDMA系统中所有小区可采用相同的频谱，因而频谱利用率高，其容量仅受干扰的限制，任何干扰的减少都将直接、线性地转变为容量的增加。

(2) 通话质量好，可达到近似有线电话的话音质量。

(3) 采用软切换技术，切换成功率高。

(4) 系统容量可以随着用户数增加而灵活调节。

(5) 以扩频通信技术为基础，抗干扰、抗多径和抗衰落能力强，保密性好。

(6) 发射功率低，移动台电池寿命长；电波辐射小，健康环保。

4.5.1 CDMA系统的结构

CDMA系统由MS、BSS、NSS和OMC四部分组成，如图4.11所示。CDMA

系统结构与 GSM 结构相似，各单元的功能也大体相近，其中 A、Um、B、C、D、E、H、M、N、O、P 均为各功能实体间的接口。SME 为短消息实体，MC 为短消息中心，PSPDN 为公用分组交换数据网，IWF 为网际互连功能，PLMN 为公用陆地移动网。此外，CDMA 系统还可以实现与其他通信网络的互连，Ai、Di 就是与其他通信网互连的接口。

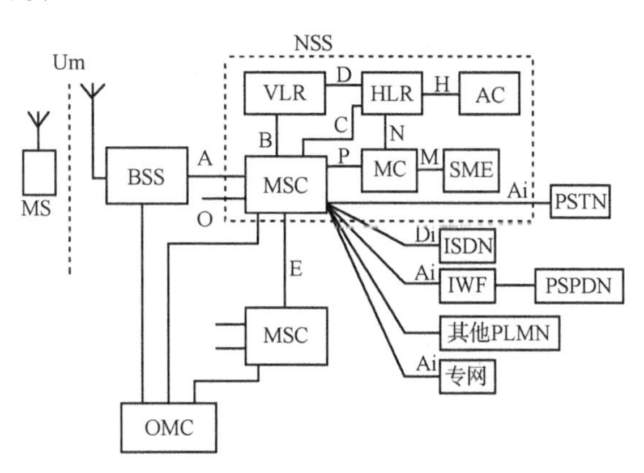

图 4.11　CDMA 系统的结构

4.5.2　CDMA 系统的切换技术

在移动通信中，信道切换可分为两大类，即硬切换与软切换。

硬切换是指在不同频率的基站或覆盖小区之间进行的切换。切换过程为移动台先暂时断开通话，借助原基站信道发送切换信令并自动向新的频率调谐，以便与新基站建立联系，从而完成切换过程，即“先断开、后切换”。切换过程中约有 1/5s 时间的短暂中断。FDMA 和 TDMA 系统中，所有的切换都是硬切换。当切换发生时，手机总是先释放原基站的信道，然后才能获得新基站分配的信道，切换过程发生在两个基站过渡区域或扇区之间。两个基站或扇区是一种竞争的关系，如果在某区域内两基站信号强度发生了剧烈变化，MS 就会检测到信号差异并在两个基站间来回切换，由此产生“乒乓效应”，因而增加了交换系统的负担，加大了掉话的可能性。

软切换发生在同一频率的两个不同基站之间。在 CDMA 移动通信系统中，采用的就是软切换方式。当 MS 处于切换状态时，会有两个甚至更多的基站对它进行监测，基站控制器将逐帧比较来自各个基站与本 MS 有关的信号质量报告，并选用信号最好的基站。可见，CDMA 的切换是一个“建立、比较、释放”的过程，这种切换为软切换。软切换可以是同一基站控制器下的不同基站或不同基站控制器下不同基站之间的切换。软切换的特点就是在 MS 进入切换过程时，与原基站和新基站都有信道保持着联系，一直到移动台进入新基站覆盖区并测出与新基站之间的传输质量已经达到指标要求时，才将与原基站之间的联系信道切断，即“先切换、后断开”。这种切换方式是在与新基站建立联系后，才断开与原基站的联系信道，因此在切换过程中没有中断的问题，对通信质量没有影响。此外，由于软切换是在频率相同的基站之间进行的，所以当 MS 移动到多个基站覆盖区交界处时，MS 将同时和多个基站保持联系，起到了业务信道分集的作用，加强了抗衰落的能力，大大降低了掉话的可能性。即使移动台进入切换区而暂时不能得到新基站的链路，也会进入等待切换的队列，从而减少了系统的阻塞率。换言之，软切换实现了“无缝”的切换。

CDMA 通信系统中的跨频切换、跨 BSC 切换（不同的系统、不同的设备商、不同的频率配置或不同的帧偏置）和 CDMA 系统到其他系统（如模拟系统）的切换是硬切换。

4.5.3 CDMA 系统的功率控制技术

由于 CDMA 系统的不同用户在相同时间内，使用同频载波进行收发信息，所以 CDMA 系统为自干扰系统。如果系统采用的扩频码不完全正交（实际系统中使用的地址码是近似正交的），就会造成用户之间的干扰，并且这种干扰是一种固有的内在干扰。另外，由于手机用户在小区内的位置是随机分布且经常变化的，同一手机用户可能有时处于小区的边缘，有时又靠近基站。如果手机的发射功率按照最大通信距离设计，则当手机靠近基站时，功率必定有过剩，而且形成有害的电磁辐射，并且强信号会对弱信号造成很大的干扰，甚至造成系统的崩溃，这种现象称为远近效应。在 CDMA 系统中，可采用功率控制来解决远近效应问题。功率控制的基本思想是根据手机与基站之间距离的变化，实时地调整手机的发射功率。功率控制的原则是，当信道的传播条件突然变好时，功率控制单元应在几微秒内快速响应，以防止信号突然增强而对其他用户产生附加干扰；相反，当传播条件突然变坏时，功率调整的速度可以相对慢一些。也就是说，宁愿单个用户的信号质量短时间恶化，也要防止对其他众多用户都产生较大的背景干扰。

4.6 3G

4.6.1 3G 概述

3G 是一种能提供多种类型、高质量的多媒体服务，并能实现全球无缝覆盖的移动通信网络。3G 与固定网络相兼容，可以利用小型便携式终端（如手机），实现在任何时间、任何地点，与任何人进行任何类型的通信。3G 是为多媒体通信而设计的，它通过提供高质量的视频和图像，进一步增强人们相互之间的通信能力，其更新颖、更灵活的通信能力和更高的数据速率使得移动网与固网间信息和业务的接入能力大大增强。

3G系统被设计为能够很好地支持大量的不同业务，并且能够方便地引入新的业务。不同的业务类型具有不同的特性，需要不同的带宽来承载，不同媒体信息所需的带宽差别很大。图4.12揭示了移动通信系统发展的缩影：2G系统能承载的数据传输速率为9.6～14.4Kb/s，因此，仅能提供最简单的低速率数据业务，如语音业务；2.5G系统能够支持最高144Kb/s的数据速率，可以支持网页浏览、邮件收发等窄带多媒体业务；而3G系统在技术上能够实现2Mb/s以上的速率，可以较好地支持移动互联网多媒体业务，这也为3G的广泛应用提供了良好的技术保障。另外，不同的通信业务其性能要求也是不同的，如语音、视频需要有较好的实时性和连续性，但对其数据并不要求太高的可靠性；而电子邮件、网上下载等则对时延并不十分敏感，但对其数据有着较高的可靠性要求。也就是说，不同业务的实时性和服务质量的要求差别很大。此外，大量业务还需要上下行不对称的服务，如浏览网页、下载音乐和观看电影等，其下行业务的数据量往往大于上行业务的数据量。针对以上所有移动通信网的要求，3G系统都能够很好地支撑。

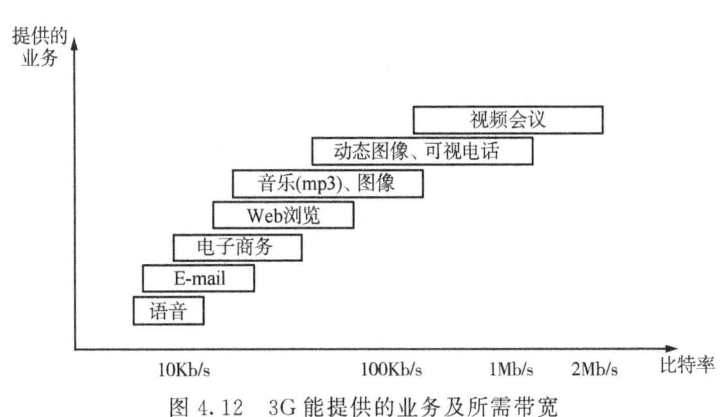

图4.12　3G能提供的业务及所需带宽

3G系统的特点可概括如下。

（1）全球无缝漫游。3G已实现全球范围内的网络覆盖，并且所有国家和地区的3G系统均使用相同的频段。也就是说，3G用户走到世界任何一个国家，都可以方便地与国内用户或其他国用户通信，与在国内通信没有区别。

（2）支持多媒体业务，特别是互联网业务。以往系统只能提供100～200Kb/s的速率，而3G系统的业务速率最高可达2Mb/s。其业务形式更加丰富，可支持话音、分组数据、多媒体和流媒体业务。

（3）3G的核心网络采用NGN技术，实现了从时分复用的电路交换到全分

组化 IP 交换的过渡，并为未来移动通信系统的发展奠定了基础。

（4）高频谱效率。理论上，3G 的频谱效率是 2G 的 10 倍。

（5）高保密性。CDMA、TDMA 等技术的应用，使系统的保密性得到了极大提高。

3G 采用的新技术如下。

（1）智能天线技术。智能天线可以将不同方向性的波束分配给不同的用户，从而有效减弱用户间的干扰，扩大小区的覆盖范围，提高系统的容量。

（2）多用户联合检测技术。多用户联合检测是指将同时存在的多个用户信号和多径信号联合处理，精确地解调出用户信号，因而可降低对功率控制的要求。

（3）高效率信道编码技术。采用卷积码和 Turbo 码两种高效信道编码技术：在语音和低速率、实时性要求高的通信场合，卷积码可以发挥良好作用；而 Turbo 码以其优异的纠错性能适用于高速率、对解码时延要求不高的场合。

（4）软件无线电技术。软件无线电技术是指用软件方式代替硬件设施，操纵、控制传统的硬件电路以实现相应的功能。软件无线电技术使得高速模/数、数/模转换器尽量靠近射频前端（天线），利用软件的灵活性和数字信号处理器（digital signal processor，DSP）的强大处理能力实现信道分离、调制解调、信道编/解码等工作，从而为 2G 向 3G 系统的平滑过渡提供一个良好的无缝解决方案。

3G 的主流制式有三个，即欧洲的 WCDMA、美国的 CDMA2000 和中国的 TD-SCDMA，它们都以 CDMA 作为空中接口的基础，网络架构也有很多相似之处。WCDMA 由 GSM 经 GPRS 平滑过渡而来；CDMA2000 系统由 CDMA 移动通信系统演进而来；TD-SCDMA 是中国自主产权的 3G 标准，相对于 WCDMA 和 CDMA2000，它起步虽晚，但技术起点较高，它是百年来中国电信史上的重大突破，标志着我国在移动通信技术方面进入世界先进行列。

4.6.2 WCDMA 与 CDMA2000

1. WCDMA

WCDMA 是从 GSM 发展而来的，因此 GSM 可以平滑过渡到 WCDMA 系统。WCDMA 系统采用直接序列扩频（direct sequence spread spectrum，DSSS）模式，载波带宽为 5MHz，采用了 Turbo 码的编/解码器，并结合智能天线、多用户检测、高效信道编码和软件无线电等关键技术，可提供最高 2Mb/s 的数据传输速率，并且支持可变速率传输。WCDMA 采用频分双工（frequency division duplexing，FDD）模式，能实现与 GSM 网络很好地兼容。此外，WCDMA 采用最新的 ATM 微信元传输协议，能够在一条线路上传送更多的语音呼叫，呼叫数从几十个增加到几百个，使得在人口密集的地区内通信链路将不再容易拥堵。

WCDMA网络的交换方式为电路交换与分组交换协同工作，电路交换方式主要处理语音信息，而分组交换方式主要负责数据通信。例如，用户在接听电话（电路交换方式）的同时，以分组交换方式访问互联网。在资费方面，由于WCDMA采用分组交换技术，网络费用不是以接入时间计算的，而是依据用户实际使用的数据量来定的。

WCDMA的核心网络基于GPRS网络，可以保持与GSM/GPRS网络的兼容性；在GPRS系统升级到WCDMA系统的进程中，其核心网设施基本不变，主要改变的是无线空中接口部分。依靠GSM在2G网中的优势，WCDMA系统在3G中也占据绝大部分份额。目前，国际上已有100多个国家、200多个网络采用WCDMA制式，如英国沃达丰（Vodafone UK）、日本NTT DoCoMo、西班牙电信、法国电信、美国AT&T等知名电信运营商。在中国，中国联通获得了WCDMA的运营牌照。在向下一代移动通信的演进中，WCDMA沿着高速下行分组接入（high speed downlink packages access，HSDPA）和高速上行分组接入（high speed uplink packet access，HSUPA）过渡到LTE。目前，高速分组接入（high speed packages access，HSPA）的升级版HSPA＋已投入商业应用，其数据接入速率最高可达21Mb/s。

2. CDMA2000

CDMA2000是2G阶段IS—95的演进版，因此CDMA2000技术的选择和设计最大限度地考虑与IS—95系统的后向兼容，二者很多基本参数和特性都是相同的。CDMA2000在无线接口进行了增强，举例如下。

（1）提供反向导频信道，使反向相干解调成为可能。在IS—95系统中，反向链路没有导频信道，这使得基站接收机中的同步和信道估计比较困难。

（2）前向链路可采用发射分集方式，因此提高了信道的抗衰落能力。

（3）增加了前向快速功率控制，提高了前向信道的容量。在IS—95系统中，前向链路只支持慢速功率控制。

（4）业务信道采用比卷积码更高效的Turbo码，使通信容量进一步提高。

（5）引入了快速寻呼信道，减少了移动台功耗，提高了移动台的待机时间。

CDMA2000系统又分为两类，一类是CDMA2000 1X；另一类是CDMA2000 3X。其中CDMA2000 1X属于2.5代移动通信系统（与GPRS属同一代），采用话音与数据分开传输方式；CDMA2000 3X为3G系统，采用话音与数据共信道传输方式。在CDMA2000 1X升级到CDMA2000 3X的进程中，原有的设备基本上都可以使用。CDMA2000 1X使用一个载波构成一个信道，而CDMA2000 3X使用3个载波构成一个信道；在基带信号处理中，CDMA2000 3X将需要发送的信息平均分配到三个独立的载波中发射，以提高系统的传输速率，CDMA2000系统最高数据传输速率为3.1Mb/s。CDMA2000由高通公司主导提出，摩托罗拉、美国朗讯科技和

后来加入的韩国三星都是该标准的主推者。由于2G只有日本、韩国、北美和中国等使用CDMA制式，导致CDMA2000的支持者不如WCDMA多，并且CDMA2000是CDMA标准的延伸，所以它与WCDMA系统互不兼容。在中国，中国电信获得了CDMA2000的运营牌照。

FDD与TDD的区别如下。

FDD系统有两个独立的信道，分别用于上行和下行传输（信息的收发），并且上下行之间存在一个保护频段，以防止邻近的发射机和接收机之间产生相互干扰；TDD是时分双工系统，上下行信道处于同一频率的不同时隙中，彼此之间间隔一定的时延，以保证时间上的有效分离。由于数据传输速率很快，所以通信双方很难分辨数据传输是间歇性的。某些TDD系统中，上行和下行可以分配相等的时隙。其实，系统实际上并不要求对称分配，在某些情况下系统可以是上下行不对称的。例如，在互联网接入应用中，数据下载时间通常远大于上传时间，因此可以给数据上传（上行）分配较少的时隙。TDD的真正优势在于，系统只需使用频谱的一个信道。此外，没有必要浪费频谱资源，进行保护频段设置，因此频带利用率更高（通常FDD需要的频谱资源是TDD的两倍）。TDD的主要问题在于，系统在发射机和接收机两端需要非常精确的时间同步，以确保时隙不会重叠，以免产生相互影响。通常情况下，TDD系统由原子钟和GPS实现同步。

FDD技术出现较早，其应用已经非常广泛；TDD的发展稍微落后一些，但是势头非常强劲。目前，大部分3G手机系统均采用FDD技术，4G-LTE技术最初也选择了FDD。然而，大部分无线数据传输系统采用的却是TDD技术，如WiMAX、WiFi、蓝牙和ZigBee等。由于频谱的稀缺性和较高的成本，TDD成为移动通信系统的宠儿，如中国的TD-SCDMA和TDD-LTE。随着频谱资源越来越紧张，未来TDD将得到更多的应用。目前，一些主流的电信设备厂商生产的芯片已能同时支持TDD和FDD。

4.6.3 TD-SCDMA

现代通信技术的发展，尤其是近十多年来移动通信技术的发展历程告诉人们，标准是现代技术发展的核心。谁拥有了标准，掌握了专利权，谁就能赢得主动权，进而占领高科技的制高点。1998年年初，原中国电信科学技术研究院（大唐电信集团）在国家信息产业部的支持下，研究和起草符合IMT-2000要求的TD-SCDMA建议草案。该标准草案成为ITU在世界范围内征集的15个IMT-2000的候选方案之一。

与WCDMA和CDMA2000两大标准相比，TD-SCDMA在提交方案之初还是有较大差距的，距3G移动通信的要求定义也相距甚远。因为当时WCDMA和CDMA2000的技术方案已经有了近十年的研究和技术积累，有着全球性的2G产业和网络运营为依托，具有完整的产业链，可以向3G平滑演进。而TD-SCDMA方案由我国自主研究，早期只有中国相关部门和运营商的支持，只是到了方案融合阶段，才开始国际合作。

在TD-SCDMA的发展历程中，中国政府起到了关键性的作用。如将TD-SCDMA交给当时实力最为雄厚的中国移动来运营，并提前于其他标准试商业应用，同时分配了最多的频谱资源，并给了较大的政策性补贴。国外，在移动通信标准这种战略性经济和产业层面，不可避免地涉及政治、经济等多种因素。如果没有欧盟及其成员国的政治支持，GSM很难有今天的成就；如果不是美国政府的支持，CDMA就不会成为继GSM之后的全球第二大移动通信系统。由此可见，对于移动通信这样一个全球性战略产业的自主创新，如果没有政府强有力的支持和推动，是不可能取得成功的。

1. TD-SCDMA标准概况

在3G主流标准中，WCDMA和CDMA2000都采用FDD模式组网，但FDD需要一对独立信道来实现信息的收发，对于频带资源紧张的移动通信，采用FDD模式显然不够经济。而TDD技术却克服了FDD技术很多的限制，例如，TDD上下行工作在同一频段，不需要大段的连续对称频段，在频率资源日益紧张的今天，这一点尤为重要。此外，TDD的优点还在于基站端的发射机可以根据在上行链路获得的信号来估计下行链路的多径信道的特性，以便于使用智能天线等先进技术；TDD还能简单方便地适应3G中上下行非对称数据业务的需要，可进一步提高系统频谱利用率。上述这些优势都是FDD系统难以实现的。TD-SCDMA就是在这种环境下诞生的，它综合了TDD和CDMA的技术优势，具有灵活的空中接口，并采用智能天线、联合检测等先进技术，使得TD-SCDMA具有较高的技术先进性，并且在3G的三个主流标准中拥有最高的频谱效率。随着对大范围覆盖和高速移动等问题的逐步解决，TD-SCDMA逐渐成为最有竞争力和发展前景的3G技术方案。

TD-SCDMA中的TD表示时分，即将时间切成片分给不同的用户使用；SCDMA（同步CDMA）中的CDMA表示不同的用户信号可以在同一个时隙发送，只要它们采用不同的扩频码；S表示同步，为手机之间的上行同步。上行同步是指同一时隙内的不同用户的信号同步到达基站接收机。基站之所以能够区分出同一时隙内的不同用户，是由于CDMA中不同的用户采用不同的扩频码。如果用户信号同时到达基站，由于扩频码的正交性，只要对扩频码进行简单的解扩，就可以区分不同的用户。如果用户信号不能同时到达基站，将导致扩频码之间不正交，使得用户之间产生干扰，从而影响通信质量。

TD-SCDMA的设计保持了与GSM/GPRS网络的兼容性，因此可以从GSM/GPRS系统平滑过渡到TD-SCDMA。虽然TD-SCDMA的起步较晚，但其

技术水平起点较高，尤其得到了中国主要移动设备生产厂商和移动网络运营商的支持，使得 TD-SCDMA 的发展比较顺利。

正是因为有了我国自主产权的 TD-SCDMA 标准和核心技术，我国的移动通信产业才处于和发达国家平起平坐的地位，通信制造商和运营商均取得更为明显的经济利益，最终用户也可以大大降低通信费用支出。1999 年 11 月，TD-SCDMA 正式被 ITU 采纳作为 3G 标准之一。2001 年 3 月 16 日，在美国加利福尼亚举行的 3GPP TSG RAN 第 11 次全会上，ITU 正式将 TD-SCDMA 列为 3G 标准之一，包含在第三代合作伙伴计划（the 3rd generation partnership project，3GPP）版本 4（release 4）中。这意味着 TD-SCDMA 标准已经被世界上许多运营商和设备厂家所接受，这是我国百年通信史上的第一次，是中国电信界的一大壮举，标志着我国在移动通信技术领域已经达到世界先进水平。正是由于 TD-SCDMA 采用了同步 CDMA、智能天线、软件无线电、低码片速率、接力切换和联合检测等一系列新技术，使其在众多 3G 候选方案中脱颖而出，成为 3G 三大主流标准之一。TD-SCDMA 为我国通信产业在 3G 中的快速发展创造了宝贵的机遇。

2. TD-SCDMA 的关键技术

TD-SCDMA 系统全面满足 IMT-2000 的基本要求，采用不需配对频率的 TDD 工作方式，以及 FDMA/TDMA/CDMA 相结合的多址接入方式。同时使用 1.28Mchip/s 的低码片速率（扩频之后的数据速率），载波带宽为 1.6MHz。此外，TD-SCDMA 系统还采用了智能天线、接力切换和自适应功率控制等诸多先进技术。具体包括如下几种。

（1）采用 TDD 模式，能够在不同的时隙中发送上行业务或下行业务，可以根据上下行业务量的多少分配不同数量的时隙，并支持 8Kb/s～2.8Mb/s 速率不等的语音和数据传输。TD-SCDMA 在上下行非对称业务时可实现最佳的频谱利用率，这是另外两种使用 FDD 的 3G 标准不能实现的。

（2）采用智能天线技术，可以减少用户间干扰，并提高系统容量。智能天线的使用引入了空分多址（space division multiple access，SDMA）的优点，在抑制信道间干扰的同时可以提高系统容量。在 TD-SCDMA 系统中，基站通过数字信号处理技术与自适应算法，使智能天线动态地在覆盖空间中形成针对移动用户的定向波束，从而充分利用下行信号能量并且最大程度地抑制干扰信号。也就是说，基站通过智能天线可在整个小区内跟踪终端的移动，使得终端信号的信噪比得到极大的改善，从而提高业务质量。此外，智能天线与同步 CDMA 相结合，可以大大简化系统的复杂度。智能天线适合采用软件无线电技术，可进一步降低设备开销。

（3）集 CDMA、TDMA 和 FDMA 技术优势于一体，使得无线资源可以在时间、频率和码字这三个维度进行灵活分配，系统容量大、频谱利用率高、抗干扰能力强。TD-SCDMA 系统中采用 TDD 方式，使其可以利用时隙的不同来区分不同的用户（TDMA）。同时，采用 CDMA 技术将每个时隙扩频，最多可得 16 码道（即扩频系数为 16），每个码道可用于传送一个用户信息。另外，单个 TD-SCDMA 载频的带宽为 1.6MHz，而 TD-SCDMA 的工作带宽为 15MHz，因此可划分为 9 个子载频（其中每 5MHz 包含 3 个载频），由此可实现频分复用（FDMA），从而提高系统容量。TD-SCDMA 的基本信元是由时隙、频率、码道和扩频系数来定义的。图 4.13（a）所示为 TD-SCDMA 在时间、频率和 CDMA 码道三维坐标下的多址方式示意图。相比之下，WCDMA 和 CDMA2000 只能实现频率、码字的二维多址复用，如图 4.13（b）所示。可见，TD-SCDMA 可同时发挥三种多址技术的优势，有效抑制噪声干扰，提高频谱资源的利用率。

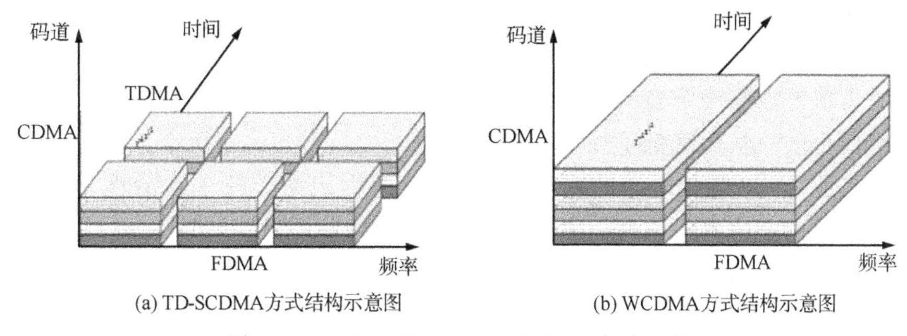

图 4.13　TD-SCDMA 和 WCDMA 方式比较

（4）能够有效克服呼吸效应。呼吸效应是指当一个小区内的干扰信号较强时，基站的实际有效覆盖面积就会缩小；当一个小区内的干扰信号较弱时，基站的实际有效覆盖面积就会增大。简言之，呼吸效应表现为覆盖半径随用户数目的增加而收缩。在 CDMA 系统中呼吸效应较明显，这是因为 CDMA 是一个自干扰系统。而 TD-SCDMA 主要利用 FDMA 和 TDMA 来抑制系统干扰，并在单时隙中采用 CDMA 技术以提高系统容量。通过联合检测和智能天线技术可以克服单时隙中多用户之间的干扰，因此产生呼吸效应的因素显著降低。

（5）采用接力切换技术，切换更可靠。接力切换技术是指移动台（手机）在切换之前，目标基站已经获得了移动台比较精确的位置信息，因此在切换过程中，移动台先断开与原基站的连接并能迅速切换到目标基站。在 TD-SCDMA 系统中，系统采用智能天线技术对移动台进行精确定位，因此基站可以获得移动台较为精确的位置信息，如果来自一个基站的信息不够，可以让几个基站同时监测移动台并进行定位。接力切换过程可简单描述为：当移动台需要切换时，网络通过对移动台候选小区的测量，从而找到切换目标小区，然后网络向移动台发送切换命令，移动台由此与目标小区建立上行同步。此时，移动台在与原小区保持信令和业务连接的同时，与目标小区先建立信令连接。当移动台与目标小区之间的信令连接完成之后，移动台再删除与原小区的业务连接，并尝试与目标小区进行业务连接。当移动台与目标小区的业务连接建立后，移动台将删除与原小区的信令连接，这时移动台与原小区之间的业务和信令连接将全部断开，而只与目标小区保持信令和业务连接，至此切换完成。接力切换的优势还体现在：当移动台与目标小区业务连接失败时，将恢复与原小区的业务连接，因而不会影响移动台的正常使用。

接力切换与传统硬切换、软切换的区别如下。

在硬切换过程中，移动台先断开与原基站的信令和业务连接，再建立与目标基站的信令和业务连接，即移动台在某一时刻只与一个基站保持联系；而在软切换过程中，移动台先建立与目标基站的信令和业务连接，再断开与原基站的信令和业务连接，即移动台在某一时刻与两个基站同时保持联系。接力切换虽然在某种程度上与硬切换比较类似，同样采用的是“先断后连”的方式，但是由于接力切换的实现是以精确定位为前提的，所以与硬切换相比，移动台可以很迅速地切换到目标小区，从而降低了切换时延，减少了切换引起的掉话率。

与其他 3G 系统相比，TD-SCDMA 在频谱利用率、频率灵活性、对业务支持具有多样性和成本等方面有独特优势，主要体现在如下几点。

（1）使用频谱灵活、支持蜂窝网的能力强。TD-SCDMA 采用 TDD 方式，仅需要 1.6MHz（单载波）的最小带宽。因此，频率安排灵活、不需要成对的频率、可以使用任何零碎的频段、能较好地解决当前频率资源紧张的矛盾。例如，若载波带宽为 5MHz，则它可以支持 3 个 TD-SCDMA 载波，承载的用户量能得到有效提高。

（2）TD-SCDMA 使用了 FDMA、TDMA、CDMA 和 SDMA 方式，系统容量大、频谱利用率高，因此特别适合人口密集的大、中城市传输对称与非对称业务，尤其适用于移动互联网业务。

（3）设备成本低，系统性价比高。TD-SCDMA 具有我国自主的知识产权，因此在网络规划、系统设计、工程建设和技术服务等方面有着突出的优势，可大大节约系统建设投资和运营成本。

当然，TD-SCDMA 也有缺点。例如，TD-SCDMA 允许移动终端运动的速度要比 FDD 模式下的速度低得多，TDD 模式的速度为 120km/h，而 FDD 模式的速度为 500km/h；其次，TD-SCDMA 覆盖半径小，TDD 模式一般不超过 10km，而 FDD 模式可达几十千米。

3. TD-SCDMA 与 WCDMA 的区别

TD-SCDMA 与 WCDMA 均依照 3GPP 组织制定的 IMT-2000 协议标准，因此它们的网络结构相似，即 TD-SCDMA 与 WCDMA 采用相同的标准规范，尤其是在核心网与无线接入网之间的接口部分，TD-SCDMA与WCDMA使用了相同的协议。这些共同之处使得两个系统之间的无缝漫游、切换、业务支持范围、服务质量（quality of service，QoS）保证以及在标准技术的后续发展上都保持一致性。TD-SCDMA与WCDMA的差异主要体现在空中接口的物理层。从它们的名称上来看，无论是TD-SCDMA还是WCDMA，强调的都是多址复用方式。多址复用就发生在空中接口的物理层。实际上，对空中接口的物理层进行变革是移动通信发展史上一个永恒的话题，因为在移动通信中最宝贵的就是稀缺的频谱资源，要解决的最重要的问题就是如何实现对频谱资源最大限度的利用，即多址复用问题。从GSM到WCDMA、TD-SCDMA再到LTE，多址技术经历了FDMA、TDMA、CDMA、SDMA以及正交频分多址（orthogonal frequency division multiple access，OFDMA）的演进，正是多址技术的不断推陈出新才造就了移动通信今天的盛况。

4.7 4G

随着宽带移动互联网业务需求的日益增加，下一代移动网络势必在峰值速率和小区吞吐量方面有所突破。4G是多功能集成的宽带移动通信系统，可支持宽带接入互联网。4G以宽带化、互联网接入和综合化为特点，利用更高的频带提供宽带多媒体业务，使传输容量再上一个台阶。4G的基本特征如下。

（1）全球移动网络覆盖无缝化，即用户在任何时间、任何地点都能实现网络的接入。

（2）宽带化融合趋势明显加快，包括技术融合、网络融合和业务融合。

（3）数据速率越来越高，频谱带宽越来越宽，频段越来越高，覆盖范围越来越大。

（4）终端智能化程度越来越高，为各种新业务的提供创造了条件。

（5）以IP为承载网络，支持IP网“无所不在，无所不能”的普遍特征。

4G来源于蜂窝移动通信，但其内涵已大大超出了蜂窝移动通信的范畴。事实上，它已经涉及计算机数据交换、移动电视和交互式视讯信息交换等。

4.7.1 LTE与WiMAX

1. LTE

LTE是由3GPP组织制定的通用移动通信系统（universal mobile telecommunications system，UMTS）技术标准，具有100Mb/s的传输速率能力，可提供高速移动中的通信需求，支持多播和广播流。需要指出的是，LTE是3G向4G过渡的中间阶段，并不是真正意义上的4G。

LTE基于全IP网络架构，结合先进的多输入多输出（multiple input multiple

output，MIMO）系统与OFDM技术，可进一步提高系统传输速率。同时，为了降低用户层面的延时，LTE取消了一个重要的网元——基站控制器，使得网络更加扁平、高效。另外，在整体系统架构方面，核心网层面也在同步演进，推出了崭新的演进型分组系统。由于无线接入网和核心网层面有较大的改动，LTE不可避免地丧失了与3G系统的后向兼容性。LTE的全IP架构网络与传统移动通信网络架构完全不同，因此从3G到LTE是一次革命性的技术变革。

2. WiMAX

WiMAX也称为IEEE 802.16无线城域网协议，是一种新的宽带无线接入技术，能提供面向互联网的高速连接，最高传输速率为324Mb/s，数据传输距离最远可达50km。WiMAX的技术起点较高，采用了代表未来通信技术发展方向的OFDM、MIMO等先进技术，可逐步实现宽带业务的移动化。WiMAX可为企业和家庭用户提供“最后一千米”的宽带无线连接方案，因此对移动通信系统（4G）构成了一定的威胁。此外，一些知名设备厂商，如英特尔、德州仪器、阿尔卡特朗讯、NEC、西门子等纷纷支持WiMAX，并为其生产终端设备，使得WiMAX成为通信界关注的焦点。

WiMAX可以实现对一个城市的广覆盖，而这种定位不可避免地要和3GPP的4G标准竞争。WiMAX的初衷在于将宽带无线化，能够为用户提供高速、广覆盖的宽带无线网接入。WiMAX可以理解为WiFi的广覆盖版，WiFi技术和应用虽然很成功，但其覆盖范围毕竟有限，而且使用的是不需要授权的频段。不需要授权频段的特点是方便，任何人都可以使用，但随着用户的增加，干扰也就不可避免地出现，因此WiFi注定只能覆盖一些热点。

WiMAX有两种主流标准，即IEEE 802.16d和IEEE 802.16e，其中802. 16d主要针对固定接收，也就是插入WiMAX网卡就可满足家庭或特定场所的上网需求，与WiFi相似；而802.16e增加了移动性，这就和3GPP发生了正面冲突。WiMAX的优势还在于它支持动态带宽分配（可以在1.25～20MHz进行选择），对于有些带宽资源不太富裕的国家，这点显然很有吸引力。

4.7.2 信息技术与通信技术的融合

宽带化、高速移动化和分组化是未来移动通信发展的趋势，宽带无线接入技术与移动通信技术将朝着同一方向融合。宽带无线接入技术早期定位于有线宽带技术的延伸，目的就是能够摆脱网线的束缚，实现自由自在的无线上网，最早实现这一目标的是WiFi。然而WiFi的覆盖距离太短，于是IEEE推出WiMAX的固定版——IEEE 802.16d，实现了50km的超远覆盖。随后，IEEE 802.16e加入了寻呼和漫游等功能，充分体现了宽带接入移动化的思想。宽带无线接入技术的更替也带来了业务形式和终端模块的变化：由最初的支持数据业务，转向同时支持话音业务；由支持以笔记本电脑为代表的便携终端，向同时支持以手机为代表的移动终端演变，逐渐实现了业务多媒体化、覆盖广域化、网络移动化和终端手机化的目标。这也可看成信息技术（information technology，IT）向通信技术（communication technology，CT）的一次渗透。

与此同时，移动通信技术也在向着提供更高数据速率的目标而努力。3GPP 标准的演进，标志着其在坚持蜂窝通信标准移动性的同时，也日益重视低速行走、局部场景下的高速数据传输能力。从 2G 到 4G，网络架构发生了革命性变化（3GPP 意识到了 IP 网络的迅猛发展，丢弃了传统移动通信网络架构，在标准里增加了支持 IP 的选项）；交换方式从电路交换与分组交换并行，向全分组演变；终端形态由以移动终端为主，向便携、移动终端并重演变。这也可以理解为 CT 向 IT 的一次渗透，通信产业从传统的话音业务不断向宽带数据业务进行拓展。传统的通信产业和传统的信息产业都注意到了交汇点的巨大潜力——移动互联网通信。

IT 与 CT 融合示意图如图 4.14 所示。移动互联网的接入技术是多元化的，人们可以通过 LTE 接入互联网，也可以通过 WiMAX 或 WiFi 接入互联网。只要能满足无线宽带对于速率和时延等性能指标的要求，采用何种技术接入对于用户来说并不重要。由于 IEEE 802.16d 和 3GPP 从不同的方向朝着同一市场渗透，所以 IT 和 CT 在无线宽带领域的界限越来越不明显。

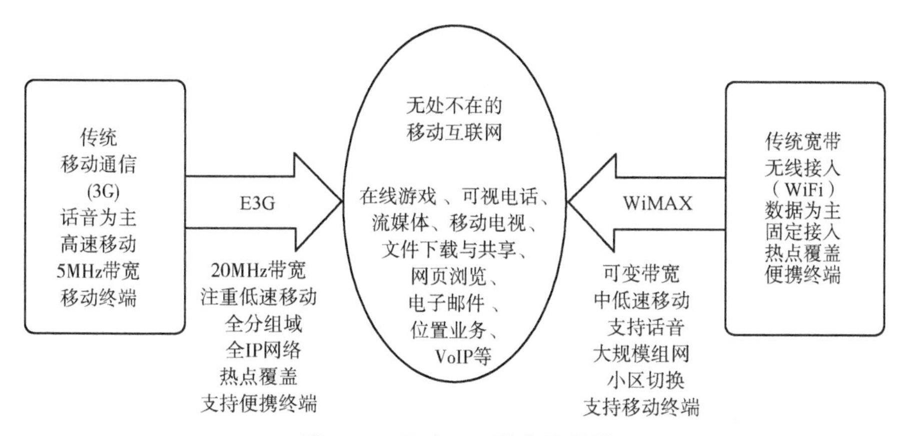

图 4.14　IT 与 CT 融合示意图

第5章 光纤通信

随着互联网和信息科技的飞速发展，信息化给人类社会的发展带来了极大的推动。在信息化时代，通信系统面临的主要问题无疑是系统运载信息的能力提高，而系统的运载能力与传输信道的带宽成正比。光纤通信以其传输容量大、保密性好等优点，在高速率有线通信中脱颖而出，已成为现代通信的主干网基础传输介质，在现代通信中发挥着举足轻重的作用。光是所有可用信号中频率最高的载体，具有最高的运载信息能力。光纤是传导光信号的介质，拥有巨大的带宽潜力，单根光纤的潜在带宽可达100THz，一对单模光纤可同时传输20亿路电话信号，若用于传送数据，只需几秒钟就可将人类古今中外的全部文字资料传送完毕。据统计，日常生活中90%以上的信息是依靠光纤传输的，光网络已成为现代信息网络的基石，光纤通信技术也成为继微电子技术之后信息领域中的重要技术。展望未来，宽带业务的发展、网络的扩容和各类通信网的基础设施建设等都需要光纤的支撑，光纤通信仍有巨大的市场需求。

5.1 光纤通信发展史

光通信是最古老、最原始的一种通信方式，如我国长城的烽火台。光的传输速率为每秒30万千米，是所有传输介质中最快的。烽火通信在古代军事通信中发挥着举足轻重的作用。在烽火通信中，烽火是光源，传输介质是空气，光接收机是人的眼睛。但是这种传输方式易受天气、地形的影响，抗干扰能力差，并且只能在可视距离内通信，与现在的光通信不可同日而语。虽然光通信远早于电通信，但由于光源、光检测器和光传输介质等关键设备难以解决，所以光通信的发展极其缓慢。

光通信最初采用无线传输，即用光波携带信息直接在空气中传输。由于大气层中的云、雾、雨和雷等自然现象对激光束的强烈衰减作用，无线光通信的效果很不理想。人们转而投向有线光通信的研究，研制衰减率低的光传输介质成为解决光通信的关键所在。

1840年，法国科学家丹尼尔·克拉顿（Daniel Colladon）和贾克·巴比涅（Jacques Babinet）几乎同时提出可以应用光折射现象来引导光线的理论。其主要思想是：光具有折射现象，即在一定的条件下可以使光按折线传输。

1870年，英国物理学家丁达尔（Joan Tyndall）用光水流实验描述了光的全反射现象，并证实了光可以沿着介质传输。

如图5.1所示，丁达尔在装满水的木桶上钻了一个小孔，然后将灯放置在木桶上方，由此将水照亮。这时，人们惊讶地看到，带有光亮的水从水桶的小孔里流了出来，随着水流的弯曲，光线也随着弯曲。这一实验描述了光的全反射作用，即光从水中射向空气时，当入射角大于某一角度时，折射光线就会消失，全部光线都反射回水中。表面上看，光就像在水流中弯曲前进一样。此实验引发了人们的不断猜想，从而不断探索光沿着介质传播的可能性。

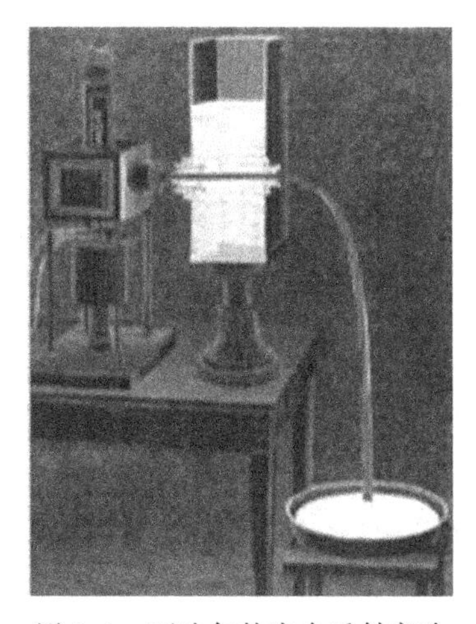

图5.1　丁达尔的光全反射实验

1950年，印度裔科学家卡帕尼发明了带有包层的光纤（与现在的光纤在结构上相同），其核心部分有两层结构：中心部分是纤芯，即一根极细且折光率稍高的玻璃丝，在纤芯周围覆盖着一层玻璃包层，玻璃包层的折光率略低于纤芯。这一结构在全反射效应的作用下就能实现光线的有线传输。正是这一突破性的成就，让人们记住了这位印度裔科学家，他被人们誉为“光纤之父”。“光纤”一词就是卡帕尼命名的。1956年，劳伦斯·寇蒂斯（Lawrence Curtiss）制造出了世界上第一根实用光纤。

早期的光纤主要用于传输图像，如可弯曲的光纤内窥镜，如图5.2所示。当时，科学家致力于提升光纤传输图像质量的研究，似乎还没有把光纤应用于通信领域的想法。

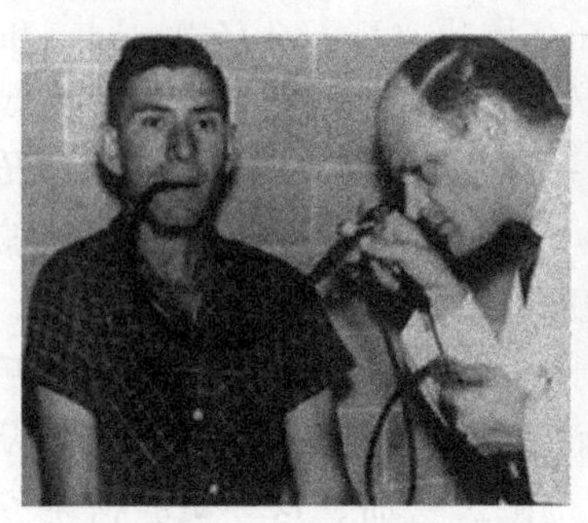
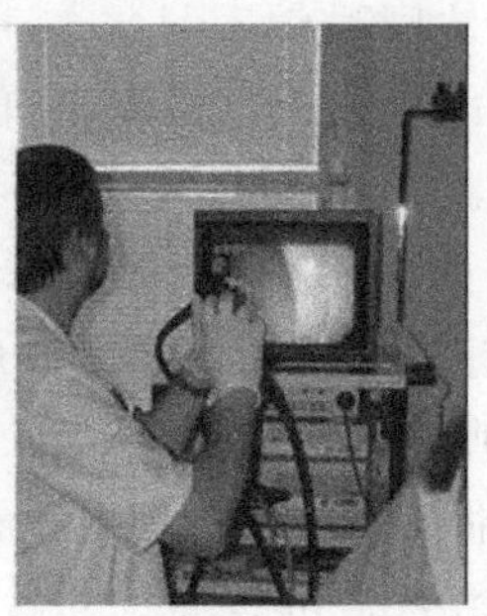

图 5.2　医学内窥镜

早在 1880 年，贝尔发明了一种利用光波作为载波传递话音信息的光电话，证实了利用光波作为载波传递信息的可能性。但是贝尔的光电话通话质量较差，根本无法用于现实生活中。究其原因是贝尔使用的光源是可见光，通信过程中可见光光束的方向性较差，而且光强不够集中，这使得传输损耗较大，通信质量不够理想。1960 年，美国科学家梅曼（Merryman）发明了第一台红宝石激光器。激光是一种频率和相位都一致的相干光，其谱线很窄且方向性极好，传播特性与无线电波相似，是一种理想的光载波。激光器的出现使光波通信进入了一个崭新的阶段。

1966 年，英籍华裔科学家高锟发表了题为《光频介质纤维表面波导》的文章，文中首次预测“当光纤的衰减率低于 20dB/km（这意味着每传输 1km，光能将减少 100 倍）时，光纤通信即可成功（当时光纤制造技术仅能达到 1000dB/km）。”这一预言为光波的有线传输提供了理论依据。

1960 年，高锟进入国际电话电报公司设在英国的标准电话实验室，主要从事如何将光纤作为通信介质使用的研究工作，并在那里工作了 10 年。正是这 10 年的研究为高锟成为光纤通信领域内的先驱奠定了基础。1964 年，他提出在电话网络中以光代替电流，以玻璃纤维代替导线传输语音信号。2009 年，他与威拉德·博伊尔（Willard Boyle）和乔治·史密斯（George Smith）共同获得诺贝尔物理学奖。正如诺贝尔物理学奖评选委员会主席约瑟夫·努德格伦（Joseph Nordegren）所评价的那样，高锟取得了光纤物理学上的突破性成果，他计算出如何使光在光导纤维中进行远距离传输，这项成果最终促使光纤通信系统问世，而正是光纤通信为当今互联网的发展铺平了道路。光纤大幅提高信息传输速度，令人们可以“在刹那间把文本、音乐、图像和视频传输到世界各地……如今，每个人都在使用光纤介质”。随着第一个光纤系统于 1981 年成功问世，高锟“光纤通信之父”美誉传遍世界。

1970 年，美国康宁公司首次成功研制出损耗为 20dB/km 的石英光纤，证明了光纤作为通信介质的可能性，也验证了高锟的预言。同年，贝尔实验室成功研制出室温下连续振荡的半导体激光器。从此，开始了光纤通信迅速发展的时代，因此人们将1970年称为“光纤通信元年”。

1974年，贝尔实验室发明了制造低损耗光纤的方法，将光纤损耗下降到1dB/km。

1976年，日本电报电话公司研制出损耗率0.5dB/km的低损耗光纤。同年，美国在亚特兰大成功地进行了44.7Mb/s的光纤通信系统实验。5年之后，世界上第一个商业应用光纤通信系统问世，该系统使用波长800nm的砷化镓激光为光源，传输速率达到45Mb/s，但每隔10km需要一个中继器用以增强信号。

1981年，日本电报电话公司成功研制出1.3μm波长的半导体激光器，并成功研制出0.2dB/km的极低损耗石英光纤。1987年，商业应用光纤通信系统的传输速率已能达到1.7Gb/s，比第一个光纤通信系统的速率快了将近40倍，其信号衰减问题也有了显著的改善。

1990年，1.55μm的长波长单模光纤传输系统研制成功，实现了中继距离超过100km、传输速率为2.4Gb/s的光纤传输。

20世纪90年代后期，光放大器和波分复用技术相继出现，进一步推动了光纤通信的发展。这一时期的光纤通信系统以波分复用技术和光放大器的使用为标志（波分复用能提高通信速率，光放大器能增加中继距离），使系统的通信容量呈数量级地增加，已能实现在2.5Gb/s速率上4500km的光纤传输和10Gb/s速率上1500km的光纤传输 。

目前，光孤子通信系统的研究与开发是当前该领域的热点之一。光孤子是指由于光纤的非线性效应与光纤色散相互抵消，光脉冲就像一个一个孤立的粒子那样形成光孤子，能够在光纤传输中保持不变，实现超长距离、超大容量的通信。光孤子通信系统将使超长距离的光纤传输成为可能。实验证明，在2.5Gb/s的码率下光孤子沿环路可传输14000km的距离。如此高速将意味着世界上最大的图书馆——美国国会图书馆的全部藏书，只需要100s就可以全部传送完毕。由此可见，光孤子通信的能力何等巨大。

中国光纤通信大记事如下。

1973年，中国邮电部武汉邮电科学研究院开始了光纤通信的研究。当时，正是由于采用了石英光纤、半导体激光器和编码制式通信机的正确技术路线，所以中国的光纤通信技术水平与发达国家只有较小的差距。除研制光纤外，武汉邮电科学研究院还开展了光电子器件和光纤通信系统的研制，使中国具有了完整的光纤通信产业链。

从1978年开始，上海、北京、武汉和桂林等科研机构都研制出光纤通信实验系统。

1982年，中国邮电部重点科研工程“八二工程”在武汉开通。从此中国的

光纤通信进入实用阶段。

20世纪80年代中期，我国数字光纤通信的速率已达到144Mb/s，可传送1980路电话，超过同轴电缆的传输能力。此后，光纤通信作为主流介质被大量采用，在传输主干网上全面取代电缆。经过国家“六五”“七五”“八五”和“九五”计划，中国已建成“八纵八横”干线网，网络连通全国各省市区，铺设光缆总长超过250万千米，光纤通信已成为通信的主要手段。

1999年，中国生产的8×2.5Gb/s波分复用系统首次在青岛至大连之间开通，随之沈阳至大连的32×2.5Gb/s光纤通信系统也相继开通。

2005年，3.2Tb/s超大容量的光纤通信系统在上海至杭州之间开通。

2010年，光纤到户（fiber to the home，FTTH）开始普及，光网世界让人们体会到前所未有的互联网视听盛宴。

目前，中国已经拥有一定规模的光纤电缆、光器件、光设备、光通信仪表和光通信集成电路等多个领域的产业。至2014年年底，中国的光纤产能已达到2.4亿芯千米。

短短数十年时间，光纤通信已成为现代通信网的主要传输方式，通信网的发展正朝着全光网的目标迈进，光通信替代电信号通信系统完成宽带通信任务的设想已成为现实，它的诞生引起了通信史上的重大变革。光纤通信为当今互联网的发展铺平了道路，利用光纤巨大的带宽资源可将信息传输速度大幅提高，使人们可以在瞬间将文本、音乐、图像和视频信息传输到世界各地。可以说，光纤通信已成为当今高速互联网时代运行的基石，支撑着整个信息社会的环路系统。如今，人们在互联网中畅游、欣赏高清电视节目、与千里之外的友人视频通话和享受远程医疗服务等，这些都要归功于光纤通信。

5.2 光纤通信基本概念

光纤即光导纤维，它由纯度极高的玻璃拉制而成，可以作为光传输介质。光纤通信则是以光为载波、光纤为传输介质的通信方式。光纤通信具有体积小、重量轻、抗电磁干扰好、保密性强和频带宽等一系列优点，已成为信息社会中各种信息网的主要传输工具，也是世界新技术革命的重要标志。光纤的损耗极低，如波长为1.55μm窗口的光纤，其损耗可低于0.2dB/km（比任何传输介质的损耗都低），无中继传输距离可达几十甚至上百千米。

光波是人们熟悉的电磁波，其波长在微米级。用光波作为载频可达通信载波的上限，其通信容量极大，大约为电通信系统容量的几百倍甚至上千倍。图5.3所示为电磁波谱示意图，由图可见，紫外线、可见光、红外线均属于光波的范畴，其中短波长0.850μm波段、长波长0.1310μm和0.1550μm波段是目前采用的三个主要通信窗口。

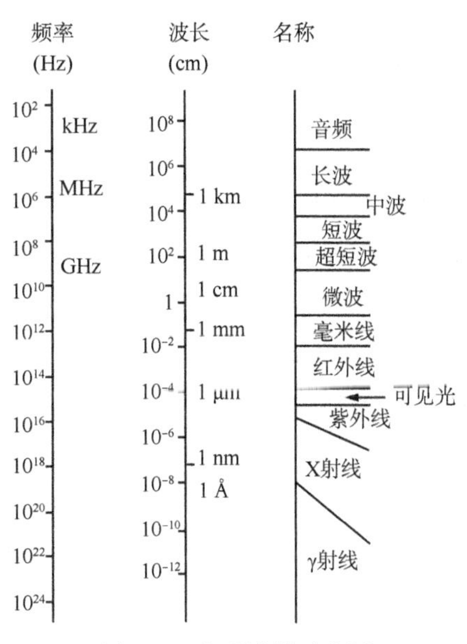

图 5.3　电磁波谱示意图

光波具有以下性质。

(1) 直线传播性，即光在同一种介质中传输时总是沿着直线前进。

(2) 反射性，即光经过不同介质的交界面时，会发生反射现象。

(3) 折射性，即光在不同介质的交界面处，没有被完全反射的部分入射光会继续沿着介质前进，但光的前进方向会发生改变。

生活中，电通信是人们最熟悉的通信方式，如电话、电视和广播等。光通信则是利用光波作为载体进行通信的方式。若要实现光通信，就需要将待传送的电信号变换成光波后传输；相应地，在接收端需要将光波进行相反的变换，恢复出原始信息。图 5.4 所示为光纤通信系统的基本组成框图。

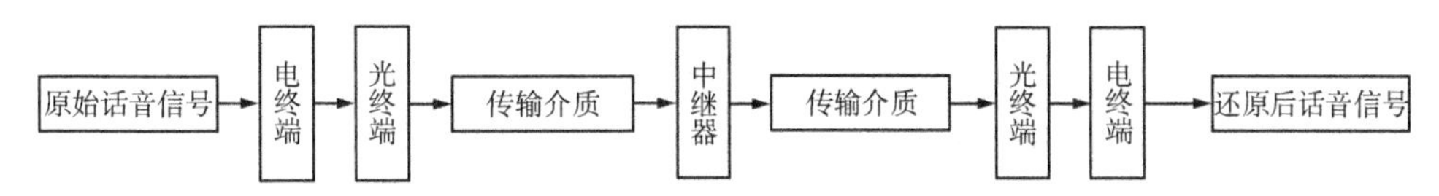

图 5.4　光纤通信系统的基本组成框图

现以话音通信为例来说明光纤通信系统中各部分的作用。首先，原始话音信号（声音的强弱）经过电终端转换为电信号（电压或电流的强弱），然后将此电信号送到光终端中，通过光电转换变成光信号，并通过传输介质将光信号传送到接收端；在接收端，通过光终端将光信号转变成电信号，然后

通过电终端将电信号还原成话音信号，实现话音信号的光传输。光信号经过一定距离的传输后不可避免地会有所衰减或失真，因此在进行远距离光纤通信时，需要每隔一定距离设置一个光中继器，用于对光信号进行相关处理，从而完成远距离通信。

5.2.1 光纤的导光原理

与电通信相比，光纤通信具有很多显著优点，如传输频带宽、通信容量大；传输损耗低、中继距离长；线径细、重量轻，绝缘、抗电磁干扰性能强等。此外，它还具有抗腐蚀能力强、抗辐射能力强、可绕性好、无电火花、泄漏小和保密性强等优点，不仅能广泛应用于民用场合，而且能应用于军事上的特殊环境。

1. 光纤的基本结构

光纤采用双重构造，其核心部分为高折射率玻璃，表层部分则由低折射率的玻璃或塑料构成。光在光纤的核心部分传输，并在表层交界处不断进行全反射，沿“之”字形向前传输。

光纤的结构如图 5.5（a）所示，光纤自内而外分别由纤芯、包层、涂覆层和外套构成。光纤的导光主体结构由折射率较高的纤芯和折射率较低的包层组成，纤芯和包层的主体材料都是石英玻璃，但两区域中掺杂情况不同，因而折射率也不同。纤芯区域完成光信号的传输，包层则将光封闭在纤芯内，起到保护纤芯的作用，同时增加光纤的机械强度。通常为了保护光纤，包层外面往往还覆盖一层涂覆层。纤芯的芯径一般为 50μm 或 62.5μm，包层直径一般为 125μm。光纤封装在塑料护套中，使之能够弯曲而不至于断裂。光纤一端的发射设备通常采用发光二极管（light emitting diode，LED）或激光，用以将光脉冲发送至光纤，光纤另一端的接收设备通常使用光敏组件来检测脉冲。在实际的传输系统中，通常多根光纤放在一起，并在外面用一层铁皮圈加以保护，由此构成的线缆称为光缆，如图 5.5（b）所示。在光缆的外层用经过紫外线固化后的亚克力包裹后，可以像铜缆一样埋藏于地下，因此不需要太多的维护费用。然而，如果光纤被弯折得过于剧烈，仍然有折断的危险。由于光纤两端的连接需要十分精密的校准，所以折断的光纤难以重新接合。光在光导纤维中的传输损失比电在电线传导的损耗要低得多，加之其主要生产原料硅的蕴藏量极大，且较易开采，所以光纤的价格非常便宜，因而广泛用作长距离的信息传递工具。

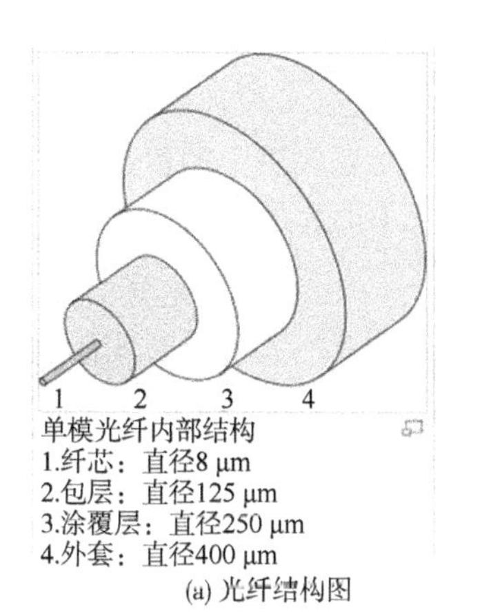

(a) 光纤结构图

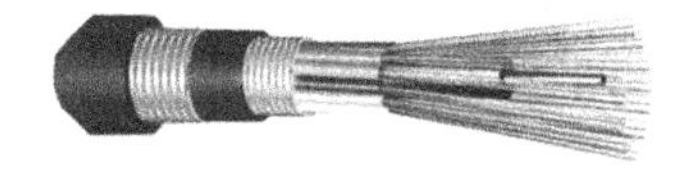

(b) 光缆

图 5.5　光纤与光缆

2. 光纤的导光原理

光纤是如何导光并实现信息传递的呢？光纤是利用光的全反射特性来导光的。光在均匀介质中沿直线传播，其传播的速度为

$$V=\frac{C}{n} \tag{5.1}$$

式中，C 代表光在真空中的传播速度，为 3×10^5 km/s；n 是介质的折射率，光在空气中的折射率近似为 1，在玻璃中的折射率约为 1.5。当光从一种介质传播到另一种介质时，因两种介质的折射率不等，将会在交界面上发生折射和反射现象：一部分光线在介质的交界处发生折射，也就是说这部分光线“逃出”了原先的介质，进入了另一种介质中；而其余的光线则在原先介质的交界处被反射，即这部分光线并没有“逃出”当前的传输介质。这两个概念十分重要，因为光纤实际上就是基于这两种现象工作的。

1） 光的折射现象

光从一种介质斜射到另一种介质时，传播方向往往会发生变化，这种现象称为光的折射。光的折射与光的反射都发生在两种介质的交界处，只是反射光返回原介质中，而折射光则进入另一种介质中。由于光在两种不同介质中的传播速度不同，所以在两种介质交界处的传播方向也会发生改变，这就是光的折射现象。关于光的折射现象，日常生活中有很多例子。例如，当一根木棒插在水中时，人们会以为木棒在水中是折断的，这是由于光进入水中产生折射现象出现的效果。鱼儿在清澈的水中游动，虽然鱼的位置清晰可见，但当你举起鱼叉对着鱼叉去时，往往是叉不到鱼的。有经验的渔民都知道，只有瞄准鱼的下方才能叉到鱼。又如，从水池上方观看水中的物体，往往会感到物体的位置要比实际位置高一些，这也是光的折射现象引起的，使得池水看起来比实际的浅。所以，当你站在岸边看着清澈见底、深不过齐腰的水面时，千万不要贸然下水，以免由于对水深估计不足而发生危险。

介质的折射率等于光在真空中的传播速度与光在介质中的传播速度之比。一般将折射率较大的介质称为光密介质，折射率较小的介质称为光疏介质。

2）光的全反射现象

当光线从光密介质射向光疏介质时，折射角将大于入射角。当入射角增大到某一数值时，折射角将达到 90°，此时在光疏介质中将不会出现折射光线。因此，只要入射角大于上述数值，就不再存在折射现象，而产生全反射现象。产生全反射的条件如下。

（1）光必须由光密介质射向光疏介质。

（2）入射角必须大于临界角。临界角是指折射角为 90°时对应的入射角。

如图 5.6 所示，两种介质的折射率分别为 n_1 和 n_2，且 $n_1 > n_2$。当光线以小入射角度 θ_1 从光密介质向光疏介质传播时，将发生反射和折射现象，如图 5.6中细线所示。但是，当入射角大于一定角度时，光的折射现象就消失了，不会再有光从当前介质中“逃出”，而是在介质的界面处将所有光线都反射回来，这就是全反射现象。在海洋馆里，人们经常能看到海龟在玻璃缸内游泳的景象。图 5.7 是摄像机与海龟处于相同水平高度拍摄的画面，此时观察者的视线与水面几乎平行，这时的水面看起来就像面镜子，所以人们看到了海龟的倒影。但是，如果观察者有机会游到海龟的下方，然后再向水面方向拍摄，那时的情形就完全不同了，海龟的倒影就会变浅甚至消失，水面也不再像一面镜子了。

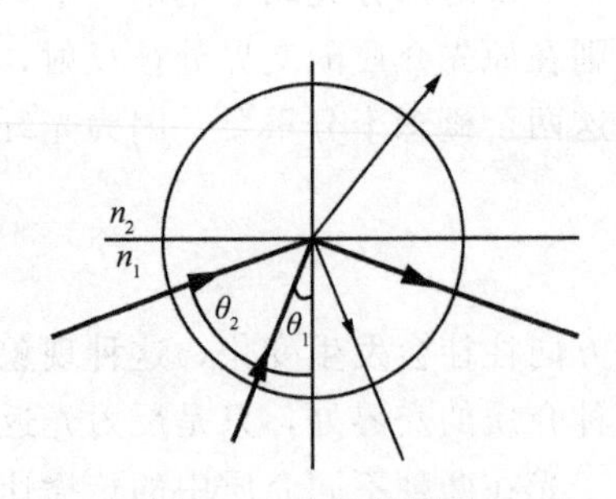

图 5.6　全反射原理

图 5.7　光的全反射现象

对电通信来说，只要将信源的输出端与传输线连接起来，电信号就能传入线路中。但对光通信来说，情况就比较复杂了。当光源发出的光照射在光纤端面上时，此时光是不能完全进入光纤的，因为其中一部分光会被光纤端面反射掉，而能够进入光纤端面的光也不一定能在光纤中传播，只有发生全反射的光才能在光纤中传播。

如图 5.8 所示，当光线从空气中以某一入射角射入光纤端面时，由于空气折射率约为 1，而石英光纤的折射率约为 1.5，所以光是从光疏介质向光密介质传播，入射角 θ 总是大于折射角 θ'，并且光在光纤端面的反射光能量很小（在此不予考虑），可以认为从激光器发出的光大部分进入光纤内部了。在光纤内部，光线从纤芯射向包层，当入射角 φ 增大到略大于临界角时，光线将会在纤芯和包层界面处发生全反射，能量将全部反射回纤芯。当光线继续传播并再次遇到纤芯与包层界面时，会再次发生全反射（这是由于光的入射角等于反射角）。如此重复，光线就能从一端沿着“之”字形传输到另一端。丁达尔的水流实验中，水是光密介质，空气是光疏介质，光在全反射的作用下顺着水流传入下面的水盆中，即光沿着水流向前传播。

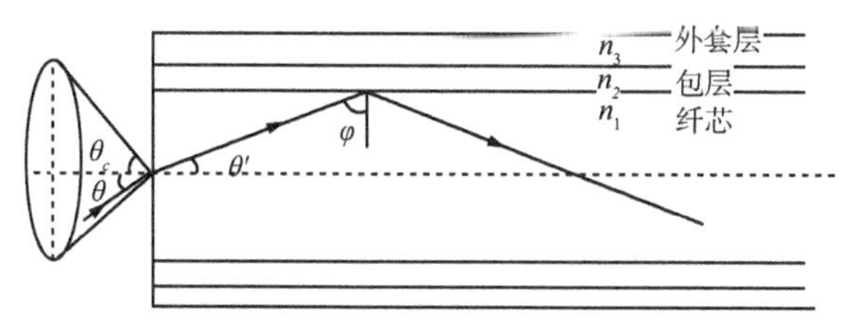

图 5.8　光纤的全反射示意图

这时，可能大家会有一个疑问：在实际的通信过程中，当光缆弯曲时光线是否还能沿光纤传播呢？答案是肯定的。只要光纤不太弯曲，光就不会折射到包层中去，而会被全反射回来，只是来回反射的次数增多了。光纤弯曲造成的光能损耗是很小的，例如，将 1km 光纤绕在直径约 10cm 的圆筒上，所增加的光能损耗只有万分之几，几乎可以忽略不计。

3. 光纤的传输特性

损耗和色散是光纤的两个主要传输特性。

1） 光纤的损耗

光纤的损耗是指光波在光纤中传输时，随着传输距离的增加，光的功率逐渐下降的现象。光纤损耗将直接影响光纤通信系统传输距离的长短。

光纤损耗大致分为两类：吸收损耗和散射损耗。吸收损耗是指光波通过光纤材料时，有一部分光能变成热能，造成光功率的损失。散射损耗是指光通过折射率不均匀的物质时，光线在传播方向上将出现传播路径的偏移，即除了传播方向，光线还沿着其他方向传播，造成光波能量的损耗。

光纤损耗的原因很多，除了光纤自身的损耗，光纤与光源的耦合损耗和光纤之间的连接损耗也是引起光纤传输损耗的因素。

2） 光纤的色散

光纤的色散是光纤的另一个重要传输特性。光信号由不同的频率成分或不同

的模式组成，当光在光纤中传输时，不同频率成分的光信号由于其速度不同，将导致到达接收端的时间不同，从而产生光的色散现象。光纤的色散效应使得光脉冲在传播过程中波形展宽，因而产生码间干扰，增加了数字信号的误码率，会严重影响系统的通信容量和传输距离。色散现象表现为：在传输一个脉冲信号时，随着传输距离的延长，其脉冲宽度越来越宽，最终将导致信号波形畸变。

5.2.2 光纤的分类

根据光纤传输点模式的不同，可将光纤分为单模光纤和多模光纤。

1. 单模光纤

当光纤的几何尺寸较小（芯径在6～10μm范围内），与光波长（约1μm）在同一数量级时，光纤只允许一种模式（基模）在其中传播，而对其余的高次模均截止，这样的光纤称为单模光纤。单模光纤避免了模式色散，适用于大容量、长距离传输。但单模光纤存在材料色散和波导色散，因而对光源的谱宽和稳定性有较高的要求，即谱宽要窄、稳定性要高。研究发现，在1310nm波长处，单模光纤的材料色散和波导色散可以相互抵消，也就是说在1310nm波长处，单模光纤的总色散为零。从光纤的损耗特性来看，1310nm处正好是光纤的一个低损耗窗口。因此，1310nm波长区就成了光纤通信的一个理想的工作窗口，也是现在实用光纤通信系统的主要工作波段。1310nm常规单模光纤的主要参数是由ITU-T在G.652建议中确定的，因此这种光纤又称为G.652光纤。从成本角度考虑，由于光端机非常昂贵，所以采用单模光纤的成本会比多模光纤的成本要高很多。

2. 多模光纤

多模光纤的芯径较粗（50～62.5μm），其几何尺寸远大于光波波长，因此光纤中将存在几十种乃至上百种传输模式，这样的光纤称为多模光纤。由于不同的传播模式具有不同的传播速度与相位，所以光经过长距离传输后，就会产生时延差，这将导致光脉冲变宽，即产生模式色散。模式色散会使多模光纤的带宽变窄，从而降低传输容量和传输距离。一般情况下，多模光纤传输的距离只有几千米。因此，多模光纤只适用于低速率、短距离的光纤通信。目前数据通信局域网大量采用多模光纤。多模光纤又分为多模突变型光纤和多模渐变型光纤，前者纤芯直径较大，传输模式较多，因而带宽较窄，传输容量较小；后者纤芯中折射率随着半径的增加而减少，可获得比较小的模式色散，因而频带较宽，传输容量较大，目前实际应用中一般都采用后者。

3. 两者的区别

(1) 单模光纤芯径小、色散小，仅允许一种模式传输，工作在长波长（1310nm和1550nm）波段；多模光纤芯径大、色散大，允许上百种模式传输，工作在850nm

或1310nm波段。

(2) 单模光纤采用固体激光器作为光源，其成本较高，通常用于建筑物之间或大容量、远距离通信场合。多模光纤通信系统则采用LED作为光源，其成本比较低，一般用于建筑物内或地理位置相邻的环境下。

(3) 单模光纤的纤芯较细，它只能允许一束光传播，具有色散小、传输距离长、传输频带宽和容量大的优点，是光纤通信与光波技术发展的必然趋势。多模光纤允许多束光在光纤中同时传播，因此色散大、传输带宽低、传输距离短，整体传输性能较差。例如，在1Gb/s的千兆网中，单模光纤最高可支持5000m的传输距离，多模光纤最高可支持550m的传输距离。此外，多模光纤的光损耗比单模光纤大得多，例如，经过1km的传输距离，多模光纤可能会损失其光信号强度的50%，而单模光纤的损耗只有6.25%。

(4) 单模光纤中传输的激光波长一般为1310nm和1550nm，而850nm的光源是典型的多模光纤光源；单模光纤光源可以通过多模光纤传输，但是衰减相对会大一些，而多模光纤光源不能通过单模光纤传输。

5.2.3 光纤的应用

光纤的优良特性，使其在光纤通信、传感、传像、传光照明和能量信号传输等方面得到广泛应用，并已成为当今世界的支柱产业。特别是近50年来，光纤技术在光纤通信、光纤传感等领域获得了广泛的应用。

1. 光纤通信

光纤通信是一门以光纤技术、激光技术和光电集成技术为基础的综合技术，它以光波作为载波，并充分利用光纤巨大的带宽，现已成为目前世界上传输最快、最有效的通信方式。自1970年研制出符合通信要求的光纤后，世界各国对光纤通信的研究都倾注了大量的人力和物力，其规模之大、速度之快远远超出了人们的预想。短短几十年，全球实现了信息高速公路的梦想，并促进了当今互联网的发展与繁荣。如今，全球五大洲通过海底光缆连通，整个世界已经被一个极其庞大的光纤通信网络连接在一起。通过这张超级网络，分秒之间就可以将各地的奇闻趣事传遍世界的每个角落。高速发达的信息社会使得地球更像一个村子，“地球村”由此得名。而在这一进程中，光纤通信扮演着极其重要的角色。根据应用场合的不同，光纤通信可以分为以下几类。

(1) 按传输信号类型不同，可将其分为光纤模拟通信系统和光纤数字通信系统。光纤模拟通信系统可用于广播、电视、工业监视和交通监控等场合；光纤数字通信系统（基于PCM数字信号）则广泛应用于现代数字通信网络。

(2) 按光纤的传输特性不同，可将其分为多模光纤和单模光纤通信系统。多模光纤带宽小，适合短距离通信，通常用于专用网络。单模光纤通信系统的传输容量大，无中继传输距离长，在现代通信中得到了广泛应用。

(3) 按波长不同，可将其分为短波长、长波长和超长波长光纤通信系统。短波长光纤的传输波长属于 800～900nm 通信窗口，其中继距离短，可应用于计算机局域网、用户接入网等场合；长波长光纤的波长属 1000～1600nm 通信窗口，其中 1310nm 的石英多模/单模光纤和 1550nm 的石英单模光纤，由于其衰耗低、中继距离较长，在实际通信网中得到了广泛的应用；超长波长光纤通信系统采用非石英系光纤，由卤化物产生，位于 2000nm 通信窗口段，由于其衰耗低，可实现 1000km 无中继传输，所以在电力、广播电视、光纤市话中继通信系统和光纤长途传输系统中得到了广泛应用。此外，超长波长光纤通信系统还应用于铁路、石油、公路交通、大型企业和军事等方面。

2. 光纤传感技术

光纤传感技术是一种以光为载体、光纤为介质、感知和传输外界信号的新型传感技术。光纤传感器的研究始于 1977 年，经过 30 多年的研究，光纤传感器取得了积极的进展，并应用于生产、生活的方方面面，尤其在军事、航天航空技术和生命科学等领域发挥着重要作用。光纤传感器的应用范围很广，尤其在恶劣环境中能安全有效地使用，解决了许多行业的技术难题，其应用几乎涵盖了国民经济的所有重要领域，具有很大的市场需求。具体应用如下。

(1) 用于桥梁、大坝等建设工程。光纤传感器可预埋在混凝土、碳纤维增强塑料和各种复合材料中，用于测试应力松弛、施工应力和动荷载应力，从而评估桥梁短期施工阶段和长期营运状态的结构性能。

(2) 用于电力系统中测定温度、电流等参数。例如，对高压变压器和大型电机的定子、转子内的温度检测，由于电类传感器易受强电磁场的干扰，所以无法在这些场合中使用，只能采用光纤传感器进行检测。

(3) 用于石油化工系统、矿井、大型电厂等领域检测氧气、碳氢化合物和一氧化碳等气体。由于电类传感器精度低，难以检测上述气体的泄漏，甚至会引起安全事故。所以，研究和开发高性能的光纤气敏传感器，可以安全有效地实现上述检测。

(4) 用于环境监测、临床医学检测和食品安全检测等方面。上述使用场合环境复杂、影响因素多，光纤传感器可以具有较强的抗干扰能力和较高的精度，能实现对上述各领域的生物量进行快速、方便、准确的检测。目前，我国环境监测、临床检验和食品安全检测等手段比较落后，光纤传感器在这些领域具有极好的市场前景。

(5) 用于医学和生物传感。光纤传感器在医学中应用的例子很多，如光纤陀螺、火花塞光纤传感器、光纤传感复合材料和利用光纤传感器对植物叶绿素的研究等。随着科技的不断进步，将有越来越多的光纤传感器投入使用。

5.3 光纤通信系统

5.3.1 光纤通信系统的组成

与一般通信系统相似，数字光纤通信系统由发送设备、传输信道和接收设备三大部分构成。在实际的数字光纤通信系统中，一般采用数字编码、强度调制-直接检波方式实现对数字信号的传输。强度调制是指利用数字电脉冲信号直接调制光源的光强度或光功率，使光的强度与数字电脉冲信号的电流变化呈线性关系。直接检波就是将光脉冲信号通过光接收机还原成数字电脉冲信号。

光纤通信系统的组成框图如图 5.9 所示，待传输的信息先进入电发射机，电发射机的作用是对原始信息进行处理，即将信息转换为数字信号，并对其进行调制和多路复用。光发射机（主要由激光器或 LED 组成）将电信号转换成光的形式，实现电信号的光波调制，然后再将所得光信号送入光纤中传输。在接收端，由光接收机实现光电转换，即将来自光纤的光信号经放大、解调恢复出电信号，最后由电接收机完成对原始信息的提取。由于光纤对信号有衰减作用，所以在长距离数字光纤通信系统中，每隔一定传输距离需要加上光中继器（光放大器）对光信号进行放大和再生，以保证良好的通信质量。

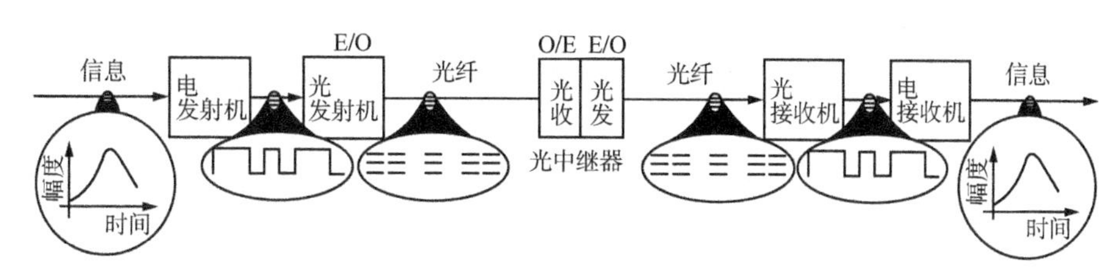

图 5.9 光纤通信系统的组成框图

早期光纤通信系统的通信距离较短，这是因为光波在光纤中传输的衰减较大。为了实现远距离通信，每隔一定距离就需要用光电转换的中继器来对衰减的光信号进行放大、再生。早期的中继器先将光信号转换为电信号，经过放大后再转换成较强的光信号，然后传往下一个中继站。然而，不断地进行光电转换无疑会增加系统的复杂性，也不适用新一代的波分复用系统，中继距离短（每隔 20km 就需要一个中继器）的缺点也使得系统的成本难以降低。

光纤放大器是指对光信号直接进行放大的光放大器件。光放大器不需要将光信号转换为电信号，可直接对光信号进行放大。光放大器的原理是在一段光纤内掺杂稀土族元素（如铒），在短波长激光——泵浦光源（波长 980nm 或 1480nm）的激发下，掺铒光纤能将泵浦光的能量转移到输入的光信号中，实现对输入光信号的能量放大，从而取代中继器的作用。研究表明，掺铒光纤放大器（erbium doped fiber amplifier，EDFA）通常可得到15～40dB的增益，其中继距离可以在原来的基础上延长100km以上。

光发射机、光缆和光接收机构成了光纤通信系统的三大主要部分。光发射机和光接收机统称为光端机，下面介绍其基本组成和作用。

1. 光发射机

光发射机是一种光电转换设备，它是组成光纤通信系统的重要部件。光发射机的核心部分是产生激光或荧光的光源。在光纤通信系统中，常用的光源器件有半导体激光器（laser diode，LD）和LED。半导体激光器诞生于20世纪60年代，现已广泛应用于CD播放机等设备中。随着商业应用光纤的出现，半导体激光器以其优良的辐射特性，如定向性、窄光谱宽度和相干性等，成为长距离光纤通信的最佳光源。半导体激光器发光效率较高，其输出功率通常在100mW左右；而LED的发光效率较差，通常只有1%的输入功率可以转换成光功率，为100μW左右。此外，激光为同调性质的光源，其方向性较强，通常和单模光纤的耦合效率可达50%。激光的输出频谱较窄，有助于增加传输速率和降低模式色散，半导体激光也可在相当高的工作频率下进行调制。

半导体发光二极管现已广泛应用于电子设备中，如电视机、录像机、电话和汽车仪表等。LED最大的优点是其具有较小的尺寸和较长的使用寿命。但是，与半导体激光二极管相比，LED的光亮度较低、定向性较差、调制带宽偏低和辐射性不连贯，这些因素决定了它只可能应用于通信距离短（数千米以内）和带宽较低（10～100Mb/s）的网络。例如，光纤局域网就是采用LED作为光源器件的典型网络。目前已研制出可以发出不同波长光的LED，能够涵盖较宽的频谱，因而广泛应用于区域性的波分复用网络中。此外，LED谱线宽度要比激光宽得多，因而对于高速率信号的传输是不利的。另外，由于LED是无阈值器件，其功率与工作电流之间具有较好的线性特征，所以具有较好的温度特性，使用中可以不加温控电路。此外，LED比半导体激光器价格低且使用寿命长，所以LED在中、低速率短距离光纤数字通信系统中也得到了广泛的应用。

2. 光接收器

光接收器是光接收机中用于将光信号转换为电信号的器件，也称为光电检测器。光电检测器是利用半导体材料的光电效应来实现光电转换的。光电检测器通常是半导体发光二极管，如PN结二极管、PIN二极管或雪崩型二极管。光接收器电路通常采用转阻放大器和限幅放大器来处理由光电检测器转换出的光电流。转阻放大器和限幅放大器可以将光电流转换成幅度较小的电压信号，再通过后端的比较器转换成数字信号。通常经光电转换出来的电信号，需要通过前置放大器放大后才能使用（该前置放大器与光电检测器紧连）。前置放大器具有低噪声、高增益和足够的带宽特性，因而能够得到较大的输出信噪比，前置放大器的输出一般为毫伏数量级。对于高速光纤通信系统，信号常常衰减较为严重，为了避免接收器输出的数字信号失真超出规定的范围，通常在接收器的后级也加上时钟频率和数据恢复电路以及锁相回路，将数字信号适当处理后再输出，以满足判决器再生信号的要求。

当光照射到半导体的PN结时，若光子的能量足够大，则会使半导体材料中价带（介于导带和绝缘带之间）的电子吸收光子的能量，从价带越过禁带到达导带，在导带中出现光电子，在价带中出现光空穴，即产生光电子-空穴对，统称光生载流子。光生载流子在外加负偏压和内建电场的作用下，在外电路中出现光电流（电压），这样就实现了输出电压跟随输入光信号变化的光电转换作用。负偏压是指PN结的P接负、N接正。

5.3.2 光纤通信的特点

与电通信相比，光纤通信有两个特点：一是采用光波作为载频传输信号；二是采用光纤作为传输介质。光纤通信具有以下几方面的优势。

1. 频带宽，通信容量大

随着科学技术的迅速发展，人们对通信质量的要求越来越高，对通信系统容量也提出了更高的要求。通信中可以通过提高载波频率的手段以实现通信系统扩容的目的，即载波频率越高，供信号传输的频带宽度就越大，系统容量也越大。光纤中传输的光波比电通信使用的频率高得多，因此其通信容量也比电通信要大得多。例如，在无线通信中，甚高频（very high frequency，VHF）频段的载波频率为48.5～300MHz（带宽约为250MHz），系统只能传输大约80套电视和调频广播信号；而光波（可见光）的频率高达100000GHz，比VHF频段高出一百多万倍。尽管光纤对不同频率的光波有不同程度的损耗作用，但是在最低损耗区的频带宽度也可达30000GHz。若采用先进的相干光通信技术和光波分复用技术，则可以在30000GHz带宽内实现2000个光载波的复用传输，这样就可以容纳上百万个信息频道。如果像电缆那样将几十根或几百根光纤组成一根光缆（即空分复用），则其外径比电缆要小得多，传输容量却呈百倍甚至上千倍地增长。这一点对于现阶段宽带互联网通信具有十分重要的意义。

2. 中继距离长

当信号在传输线上传输时，由于传输线的传输特性不理想将导致信号不断地衰减，并且传输的距离越长，衰减就越严重。当衰减到一定程度后，接收端将无法实现对信号的接收与恢复。在光纤通信系统中，为了实现远距离通信，往往需要在传输线路上设置许多中继器，其作用是将衰减信号放大、再生，然后再送入信道继续传输。但系统中的中继器越多，传输系统的成本就越高，维护也就越不方便。此外，若某一中继器出现故障，就会影响全线的通信。因此，人们希望传输线路的中继器越少越好，最好是不要中继器。

减小传输线路的损耗是实现长中继距离的首要条件。因为光纤的损耗很低，所以能实现很长的中继距离。目前，实用石英光纤的损耗可低于 0.1dB/km（比目前任何传输介质的损耗都低），中继距离可达数千米甚至数百千米，因此一般不设中继器便可满足现有的通信需求。而现有的电通信中，同轴电缆系统最大中继距离为 6km，最长的微波中继距离也只有 50km 左右，这些系统根本无法与光纤通信相媲美。光纤通信特别适用于长途一、二级主干线通信，它对降低海缆通信的成本、提高可靠性和稳定性具有特别重要的意义。

3. 保密性能好，无串话干扰

保密性是通信系统一个重要的质量指标。随着科学技术的发展，无线电通信很容易被窃听，而传统的有线电通信也不再能保密。人们只要在明线或电缆附近设置一个特别的接收装置，就能窃听到线路中传输的信息。光纤通信与电通信不同，光波在光纤中传输时只在其芯区进行，基本上没有光泄漏出去，即使在转弯处，漏出的光波也十分微弱。如果在光纤或光缆的外表面涂上一层消光剂，光纤中的光就完全“逃”不出光缆了，因此其保密性能极好。

4. 抗电磁干扰强

自然界中充满了各种电磁干扰源，如风雨、雷电和太阳的黑子运动、高压电力线等，这些干扰对电通信的影响尤其明显。但光纤是玻璃介质，且其中传输的是光波，因此不受上述各种电磁干扰的影响。

5. 原材料成本低廉，可以减少有色金属消耗

生产光纤的主要材料是石英（可以从沙石中提取），从某种意义上说，在地球上是取之不尽、用之不竭的，而且很少的石英就可拉制出很长的光纤。而电缆主要由铜、铝、铅等金属材料制成，世界上这类金属的储藏量却是有限的。例如，40g 高纯度的石英玻璃可拉制 1km 的光纤，而制造 1km 八管同轴电缆则需要耗铜 120kg、铅 500kg；制造 1m 光缆的成本大概仅有几分钱，而 1m 电缆的价格则要几元钱，是光缆成本价的几十倍甚至上百倍。光纤通信的推广将有利于节约大量的金属资源。

6. 体积小、重量轻，便于施工

近年来，光纤通信广泛应用在航空航天领域，如飞机、宇宙飞船上的通信系统，它不仅能降低通信设备的体积、重量和成本，还能提高通信系统的抗干扰能力和飞机、飞船设计的灵活性。光纤的芯径很细（只有电缆中铜丝的百分之一），光缆直径也比电缆小很多，而且光缆的重量比电缆要轻得多。例如，8 芯光缆的

横截面直径约为1mm，而标准同轴电缆为47mm；1m长光缆的重量只有90g，而相同长度的同轴电缆的重量却达11kg之多。目前，飞机上已经普遍用光纤通信取代原有的电缆通信。据统计，仅此一项就能为机身减轻27lb的重量，（飞机每减少一磅的重量，其成本费用就可降低一万美元）。此外，光纤还可以有效解决城市主干网地下管道传输线铺设拥挤的问题。

光纤通信以其优良的传输特性，广泛应用于公共网和专用网中。此外，它还用于测量、传感、自动控制和医疗卫生等领域，成为现代通信网的主要传输手段。

当然，光纤本身也有缺点，如光纤质地脆、机械强度低，分路、耦合比较麻烦，光纤通信技术较为复杂等。相信随着科技的不断发展，这些问题将会逐渐解决。

5.4 光纤通信核心技术

光纤通信作为一门新兴技术，虽然只有短短40多年的发展历史，但凭借着其传输距离长、频带宽等优异性能，在全球信息高速公路的建设中占有举足轻重的地位。光纤通信的发展速度之快、应用范围之广是通信史上罕见的，它也成为世界通信新技术的重要标志和未来信息社会的主要传输工具。光纤通信在信息传输方面的优异特性与其使用的技术是密不可分的。

5.4.1 光波分复用技术

20世纪90年代初，单根光纤的信息传输速率已经达到10Gb/s，但是这个数字离100TGb/s（理论最高传输速率）还有很大差距，人们希望能进一步提高光纤通信系统的容量。

当信息传输速率达到10Gb/s时，电子设备处理信息的能力会出现较大的瓶颈，也就是说人们已经不能采用传统电信号处理方式（如电信号时分复用）来解决光纤的复用问题了。在如何解决光复用问题的最初研究阶段，研究者尝试采用两种不同的方法，即光时分复用技术和光波分复用技术。光时分复用技术是将电信号时分复用原理应用在光域，将光脉冲按照一定的时间顺序复用在一起，以达到增加系统容量的目的。但在实际应用系统中，该方式的复用结果并不理想。光波分复用技术是指将一系列载有信息但波长不同的光信号合成一束，沿着单根光纤传输，在接收端再将各个不同波长的光信号分开的技术。其中，每个波长承载的信号仍然是由电域中时分复用获得的高速信号。例如，假设每个波长承载的信息速率是10Gb/s，现在系统将10个波长不同的光信号复用在单根光纤内传输，即将10个波长不同的载波，且每个载波承载的10Gb/s的信息合在一起传输，则

系统的传输容量就增加到100Gb/s，为原系统的10倍。光波分复用技术是一种复用方式的变革，它放弃了时分复用的概念，提出了一种全新的思路。

在光波分复用技术的研究过程中，美籍华裔科学家历鼎毅带领美国贝尔实验室的同事在波分复用研究领域进行开拓性的研究，证明了波分复用更适合光信号的复用传输。另外，光放大器的发明为光波分复用技术进入实用阶段提供了条件。在实际通信中，要想远距离、高速率传输光信号，就必须解决光信号的衰落问题。光纤通信中，大约每隔100km就需设置中继器用以对光信号进行放大和再生。传统方法是先对光信号接收，然后变换成电信号后再放大，最终再变换成光信号送入光纤传输。这个复杂的变换过程对波分复用来说显然是一种障碍。光放大器可以在节点处直接对多路光信号进行放大，它的发明大大简化了中继传输过程。1990年左右，掺铒光纤放大器（EDFA）的成功使用极大地增加了光纤传输距离，并进一步促进了光波分复用技术的发展，此后光波分复用技术逐渐取代光时分复用技术，在解决光纤通信容量问题上获得了巨大的成功。鉴于历鼎毅在光波分复用技术方面的杰出贡献，他被誉为“光波分复用之父”。光波分复用技术推动了光纤通信的发展，开创了光纤通信新时代。

1. 光波分复用技术

光波分复用系统主要由发射端的波分复用器和接收端的波长解复用器组成。目前商业应用的波分复用器最多可将光纤通信系统划分成80个信道，使得数据传输速率突破Tb/s的等级。

图5.10为光波分复用系统模型。光发射机的作用是将高速电信号（如10Gb/s的信号）加载到激光器上，由此产生并实现光调制。n路光发射机可以产生n路携带信息的光信号λ_1，…，λ_n，在光复用器的作用下，实现波长不同的n路光信号的波分复用。复用后的光信号经EDFA放大，然后传向目的地。到达接收端后，解复用器将不同波长的光信号分开，并通过光接收机实现电信号的恢复，从而实现由发端到收端超大容量的信息传输。图5.10中，系统可在一对光纤上实现双向波分复用/解复用传输。

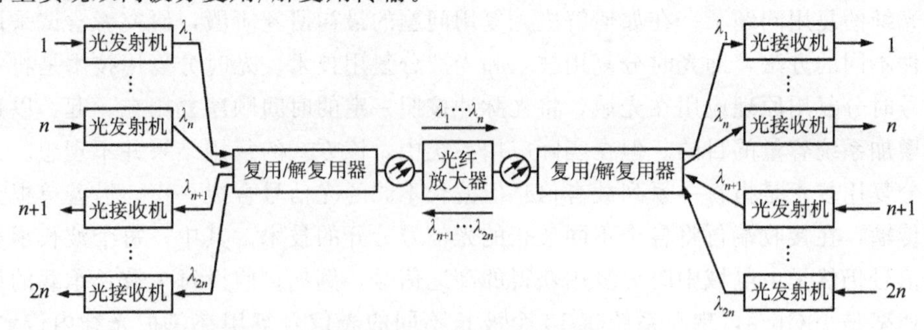

图5.10　光波分复用系统模型

光波分复用系统按照工作波长不同，可以分为两类：一类是在整个长波长波段内，信道间隔较大的复用，称为粗波分复用；另一类是在1550nm波段的密集波分复用（dense wave length division multiplexing，DWDM），它是在同一窗口中信道间隔较小的波分复用，可以同时实现8、16或更多波长的光波在单根（或一对）光纤上复用传输，其中每个波长之间的间隔约为1.6nm、0.8nm或更低。ITU规定，光波分复用时波长之间要留出0.8nm的间隔，以防止产生折叠噪声，从而影响接收端信号的解调。

2. 光波分复用的特点

与传统复用方式相比，光波分复用有以下特点。

（1）可以充分利用单模光纤的巨大带宽（约有30THz的低损耗带宽），有效提高了光纤通信的传输速率，能够使单根光纤传送信息的能力增加几十倍。

（2）实现了不同波长的光波在同一根光纤中的复用传输，且与数据速率和调制方式无关，因此可以在光纤线路中灵活地取出或加入信道。此外，它还可以在同一根光纤中传输两种以上非同步信号，因此有利于数字信号和模拟信号的兼容。

（3）针对已建成的光纤系统，尤其是早期铺设的芯数不多的光缆系统，只要原系统有功率余量，采用光波分复用就可以在原系统的基础上实现系统进一步增容，因而具有较强的灵活性。

（4）可以减少光纤的使用量，大大降低建设成本。此外，当系统出现故障时，恢复起来也比较方便。

随着全球互联网、宽带多媒体和有线电视综合业务需求量的日益增加，光纤通信已成为未来通信网发展的重要支撑，光波分复用技术的特点和优势也将逐渐体现出来，因此具有广阔的应用前景。

3. T比特信息时代

光波分复用技术的突破性成功使得信息传输速率迈入T比特时代。T比特是指单根光纤可以传输Tb/s的信息。

目前，国际上已推向商业应用的光波分复用传输系统有4×2.5Gb/s（10Gb/s），表示单根光纤内有4路光信号复用传输（或4个波长复用传输），每路光信息速率为2.5Gb/s，因此单根光纤传输的总信息速率为10Gb/s。此外还有8×2.5Gb/s（总速率为20Gb/s）；16×2.5Gb/s（总速率为40Gb/s）；40×2.5Gb/s（总速率为100Gb/s）；32×10Gb/s（总速率为320Gb/s）；40×2.5Gb/s（总速率为400Gb/s）的光纤传输系统。如今，更高速率的光纤通信系统也已实现，如表5.1所示。

表 5.1　基于光波分复用技术的 T 比特光纤通信系统概况

时间	公司	复用路数×每路信息速率	总速率/（Tb/s）	传输距离/km
2001 年以前	美国朗讯科技	82 路×40Gb/s	3.28	300
	美国贝尔实验室	82 路×40Gb/s	3.28	300
	日本 NEC	160 路×20Gb/s	3.2	1500
	加拿大 Nortel	80 路×80Gb/s	6.4	—
	日本富士通	128 路×10.66Gb/s	13.6	840
2001 年 4 月	德国西门子	176 路×40Gb/s	7.04	—
2001 年 5 月	美国朗讯科技	256 路×40Gb/s	10	—
2013 年	日本 NEC	—	40.5	—

由表 5.1 可知，光波分复用技术极大地提高了光纤传输系统的容量。2013 年，日本 NEC 实现了单根光纤 40.5Tb/s 的超高速信息传输速率，已经接近 100Tb/s（单根光纤的理论传输速率）。短短几十年，光纤的传输速率从最初的 2Mb/s 提高到 40.5Tb/s，正是光通信技术突飞猛进的发展才有了今天丰富多彩的通信生活。

5.4.2　光交换技术

光波分复用技术实现了点对点单根光纤通信容量的大幅提升，使得单根光纤能够承载上百个波长信道，传输带宽达到了 T 比特级。但在信息交换部分，却只能实现 Gb/s 的交换速率，这是由于传统的光信息在交换过程中存在光变电、电变光的相互转换过程，且交换设备都是基于电交换的，而电子设备的本征特性制约了它在交换部分的处理能力和交换速度。所以，许多研究机构致力于研究和开发光交换技术，试图在光子层面上完成网络交换工作，从而消除电子瓶颈的影响。当全光交换系统成为现实时，就足以满足飞速增长的带宽和处理速度需求，同时能减少多达 75%的网络成本，因而具有广阔的市场前景。

光交换技术是指不经过任何光电转换，在光域直接将输入光信号交换到不同输出端的方法。目前较成熟的光交换技术是波长光交换（光波长路由）技术，它主要利用光分插复用器（optical add-drop multiplexer，OADM）和光交叉连接设备（optical cross connection，OXC）等来实现光交换。波长光交换技术可以实现光波分复用系统的源端与目的端互通，并且可以节约系统资源，提高资源利用率。

波长光交换是指以波长为单位进行光域的电路交换，波长交换为光信号提供端到端的路由和分配波长信道。实现波长交换的关键网络节点设备为 OADM 和 OXC。OADM 的工作原理是以全光的方式在网络节点中分出和插入所需的波长通路，即从多波长信道中分出或插入一个或多个波长。此外，OADM还允许不同光网络的不同波长信号在不同的地点分插复用，其主要元件有复用器和解复用器，以及光开关和可调谐波器等。OXC允许不同网络进行动态组合，按需分配波长资源，实现更大范围的网络互连。OADM和OXC只将需要在节点下载的信息送入通信协议处理设备，而将本节点不需要处理的信息直接通过光信道输出，从而大大提高了节点处理信息的效率，克服了电处理方式节点必须对所有到达的数据包进行处理的缺点。

光波分复用与波长光交换技术相结合就构成了全光网络（all optical network，AON）。全光网络，是指信号只是在进出网络时才进行电光和光电的变换，而在网络中传输和交换过程中始终以光的形式存在。由于在整个传输过程中没有电处理，所以传统的PDH、SDH和ATM等各种传送方式均可使用，从而降低了设备复杂度，提高了网络资源的利用率。

光交换技术可以实现更大的系统容量和更低的传输成本，特别适用于数字传输速率为10Gb/s以上的通信场合。但是，当系统的传输速率较低（2.5Gb/s以下）、连接配置方式较为灵活时，传统的光电转换交换方式可能更为合适。因此在实际应用中，应当根据应用场景选择合适的系统设计。

随着科技的不断进步，将大量的交换业务转移到光域已成为通信网发展的趋势，光交换技术也会以更加新颖和更加有效率的方式为通信网络的全光化作出贡献。光交换为主干网的全光化提供了条件：一方面，通过光交换可以使现有主干网的协议层次扁平化，能更加充分地利用光波分复用技术的带宽潜力；另一方面，由于光交换网对突发包的数据是完全透明的（不经过任何的光电转换），从而使光交换机能够真正实现T比特级光路由功能，彻底消除由于电子设备瓶颈而导致的带宽扩展难题。此外，光交换的服务质量能够很好地满足下一代互联网的要求。

第6章

互联网通信

互联网是指将分布在世界各地结构与功能不同的网络，以一组通用的协议相互连接，形成一个覆盖全世界的巨型计算机网络。组成互联网的计算机网络包括小规模的局域网、城市规模的区域网（metropolitan area network，MAN）和大规模的广域网，这些网络利用电话线、高速率专用线路、卫星、微波和光缆等线路将不同国家的大学、公司、科研部门以及军事和政府等机构的网络连接起来。互联网上丰富的信息资源以电子文件的形式在线分布在世界各地的计算机上，用户通过应用系统可以方便地进行信息交换和资源共享。

互联网起源于美国，现在已是一个连通全世界的超级计算机互联网络。起初，互联网在美国分为三个层次：底层为大学校园网与企业网，中层为地区网，高层为全国主干网，它们连通了美国东西海岸，并通过海底电缆或卫星通信等手段连接到世界各国。互联网是20世纪最伟大的发明之一，它的诞生如同蒸汽机一样具有划时代的意义。如今，越来越多的人运用互联网开展工作、生活、娱乐和消费。随着通信技术的发展，上网终端已经不限于传统的台式计算机或笔记本电脑、智能手机、掌上游戏机，甚至智能眼镜或手表都可以接入互联网。网络无处不在，网络无所不能，互联网本身是一个产业，同时它也推动其他社会产业的重构与发展。

6.1　互联网发展史

1957年，苏联成功发射了世界上第一颗人造地球卫星——史波尼克(Sputnik)，为了应对苏联在信息技术领域潜在的军事威胁，美国国防部组建了高级研究项目局（advanced research projects agency，ARPA），旨在提高信息科技水平。美国军方认为，为使通信系统遭受打击以后仍然具有一定的生存和反击能力，有必要设计出一种分散的指挥系统。该系统由多个分散的指挥点组成，当部分指挥点被摧毁后，其他点仍能正常工作，并且这些点之间能够绕过那些已被摧毁的指挥点而继续保持联系。

20世纪60年代，美国麻省理工学院教授克莱因罗克（Klenrock）和美籍波兰人保罗·巴兰（Paul Baran）分别提出分散式网络理论和包切换技术，为互联网的发展奠定技术基础。

1969年，美国国防部委托ARPA开发阿帕网（ARPANet），旨在将分散在不同地理位置的计算机进行联网。同年，ARPANet将美国西南部的加利福尼亚大学洛杉矶分校、斯坦福大学研究学院、加利福尼亚大学和犹他州大学的4台计算机连接起来，当时的网络传输能力只有50Kb/s。鉴于军方的高级机密的要求，ARPANet还不具备向外推广的条件。

从1970年开始，加入ARPANet的节点数不断增加。到1972年，ARPANet上的网点数已经达到40个。这40个网点彼此之间可以发送小文本文件（即现在使用的E-mail）和利用文件传输协议发送大文本文件，同时也发明了将一台计算机模拟成另一台远程计算机终端的远程登录（Telnet）方法。

1973年，ARPANet跨越大西洋，利用卫星技术与英国、挪威等国实现连接，世界范围内的互联网接入开始了。

1974年，温顿·瑟夫（Vinton Cerf）与罗伯特·卡恩（Robert Kahn）联合开发了互联网最重要的基础协议——TCP/IP。若要实现处于不同地理位置、功能各异的计算机之间的互连并实现更强大的功能，就必须设计出所有计算机共同遵守的协议，TCP/IP由此而生。在每个网络内部使用各自的通信协议，而当用户与其他网络通信时就必须使用TCP/IP。TCP/IP发展到今天已成为一个协议簇，其中包括了TCP、IP、互联网控制报文协议（internet control messages protocol，ICMP）以及人们更加熟悉的HTTP、FTP以及电子邮局传输协议（post office protocol，POP）的第3个版本POP3等。计算机有了这些协议，就可以和其他计算机终端自由地交流，犹如人们学会了外语，就能够方便地与外国人进行交流。1983年1月，所有连入ARPANet的主机都完成了从网络控制协议（network control protocol，NCP）向TCP/IP的转换。

1985年，NSF为鼓励大学和研究机构共享ARPANet资源，建议将大学、研究所的计算机与ARPANet的4台巨型计算机连接起来。随后，NSF利用TCP/IP建立了15个超级计算中心和国家教育科研网，组成了用于支持科研和教育的全国性规模的计算机网络NSFNet，并以此为基础实现了与其他网络的连接。NSFNet成为ARPANet上主要用于科研和教育的主干部分，代替了ARPANet的骨干地位。

20世纪80年代，由于大批大学、科研院所的计算机接入ARPANet，美国政府出于军事机密性考虑，决定将ARPANet分裂为两部分——ARPANet和纯军事用的MILNet。1989年，在MILNet实现与NSFNet连接后，ARPANet就开始启用Internet这个名称。自此以后，其他部门的计算机网相继并入Internet，

ARPANet 宣告解散。

1989 年，英国人蒂姆·伯纳斯·李（Tim Berners-Lee）和同事提出分类互联信息协议——超文本传输协议/超文本标记语言（HTTP/HTML），使得普通人也可以方便地使用 Internet。HTTP/HTML 是网页编辑程序，它通过在一段文字中嵌入另一段文字的链接，可以方便用户查找所需信息。当人们阅读这些页面的时候，可以随时选择一段文字链接，通过点击一个链接，计算机便自动进入想要查看的页面。随后，伯纳斯·李推出超文本传输浏览器和万维网，于是“网页”出现了。

早期的万维网只有文本，没有图像和声音，也没有色彩和类似于 Windows 的界面。

1993 年，马克·安德森（Marc Andreessen）与吉姆·克拉克（Jim Clark）开发出 UNIX 版的 Mosaic 浏览器，图文并茂的浏览界面给了万维网以极大的活力，使得万维网成为发布和交换信息最方便的平台。随后，马克与吉姆创立了基于万维网的公司——网景（Netscape），并进一步开发出了图形浏览器。1994 年 10 月，网景的领航者（Navigator）浏览器在网上发布，不到 1h 的时间就拥有数以千计的下载量。Navigator 比 Mosaic 快 10 倍，而且增加了许多特性，提高了安全保密性。1995 年 5 月，跨平台程序设计语言——Java 的问世，极大地丰富了 Navigator 的功能，进一步推动了互联网的发展，也标志着互联网繁荣的开始。

20 世纪 90 年代以前，Internet 的使用一直仅限于研究与学术领域。商业性机构进入 Internet 由于受到法规等问题的困扰，加上曾经出资建立 Internet 的 NSF 对 Internet 上的商业活动并不感兴趣，所以 Internet 的发展较为缓慢。

1991 年，美国共有三家公司分别经营着 CERFNet、PSINet 和 AlterNet，可以在一定程度上向客户提供 Internet 联网服务。他们组成了商业应用 Internet 协会，宣布用户可以使用其 Internet 子网从事商业活动。Internet 商业化服务提供商的出现，使得工商企业用户可以接入 Internet。商业机构的加入使得 Internet 在通信、资料检索和客户服务等方面的巨大潜力得以挖掘，成为 Internet 发展的强大推动力。于是，世界各地无数的企业和个人纷纷涌入 Internet，掀起了 Internet 发展浪潮。

1995 年，NSFNet 停止运作，Internet 已彻底商业化。

这种将不同网络连接在一起的技术使得计算机网络的发展进入了一个新的阶段，形成由网络实体相互连接而构成的超级计算机网络，人们将这种网络形态称为互联网。现在，互联网已经发展为一个全球“网络生态系统”，并逐步渗透到日常生活的各个领域。网络的出现，改变了人们使用计算机的方式；而互联网的出现，又改变了人们使用网络的方式。互联网使计算机用户不再被局限于分散的计算机上，脱离了特定网络的约束。任何人只要进入了互联网，就可以利用网络的丰富资源。

中国互联网的发展历程如下。

1987年9月，计算机网络专家钱天白发出我国第一封电子邮件“越过长城，通向世界”，揭开了中国人使用互联网的序幕。

1990年10月，中国正式在国际互联网网络信息中心注册登记了我国的顶级域名——CN。

1991年，在中美高能物理年会上，美方提出将中国纳入互联网合作计划。

1994年4月，中国实现与互联网的全功能连接，被国际上正式承认为有互联网的国家，中国的网络建设进入了大规模发展阶段。

1996年，中国的互联网已形成了四大主流体系，即中国科技网（CSTNet）、中国教育科研网（CERNet）、中国公用计算机互联网（ChinaNet）和中国金桥信息网（ChinaGBN）。前两个网络主要面向科研和教育机构，后两个网络以经营为目的，属于商业性的网络。随后，ChinaNet全国骨干网建成并正式开通，全国范围的公用计算机互联网络开始对用户提供服务。

截至2014年12月，中国网民规模已达6.5亿，互联网普及率为50.5%。与此同时，手机网民规模达到5.57亿，中国互联网已成为网民人数最多、联网区域最广的全球第一大网。

6.2 互联网基本概念

6.2.1 网络互连需要解决的问题

1. 最初的困扰

ARPA当初为每个项目研究者提供功能不同的计算机，这些昂贵的计算机互不兼容，资源无法共享，因而造成了极大的浪费。若能实现这些计算机的在线连接，就能在不同地理位置实现系统资源的共享，这便是将计算机连接的最初动力。

2. 网状拓扑结构的确立

网络拓扑结构决定了网络的可靠性和稳定性。采用星形网络拓扑结构会使得中心节点过载，并导致整个网络的崩溃。因此采用分布式网络结构是一个最佳选择，即节点计算机两两相连，网络中任意一台主机的地位都是平等的。这种网状结构和人们生活中使用的渔网很相似：每个交汇节点都是平等的，并且每个交汇点到达另一个交汇点都由与之连接的网来提供多条途经，因此每一个节点都是重

要的（或都是不重要的）。新节点的增加会使得原有网络得到相应扩张，即所有的“你”都让“我”变得更强，所有的“我”都让“你”变得更有效。

3. 分组交换技术的采用

传统电路交换方式下的信息传输效率较低，且线路利用率也不高，若想在互联网上传输大量数据，电路交换方式显然不能满足要求。长短不一的信息若想有效地在网络上传输，就必须将其“切割加工”，然后动态地选择最佳传输路径，即信息不再以点对点的方式整体传输，而是将信息切割成一个个数据碎片，用某种标识符标示出每个数据碎片单元的信息，如数据从哪里来、要到哪里去，当然也要有真正要传送的数据信息。数据单元在网状通道中自由选择最快捷的路径，到达目的地后再自动组合、汇聚，从而还原出完整的信息。

4. 路由器的诞生

路由器类似于城市交通网中的交叉路口，网络中的数据包就好比道路上来来往往的汽车。路由器通常有多种接口，就像城市交通网中的交叉路口往往由多种类型的道路组成一样。

路由器能够根据信道的情况自动选择和设定路由，以最佳路径按前后顺序发送数据包，就像道路交通中的交通警察一样，承担着互联网络的交通指挥工作。

路由器又称网关设备，用于连接多个逻辑上分开的网络，逻辑网络代表一个单独的网络或者一个子网。当数据从一个子网传输到另一个子网时，可通过路由器的路由功能来完成。因此，路由器具有判断网络地址和选择 IP 路径的功能，它能在多网络互连的环境中建立灵活的连接，可用完全不同的数据分组和介质访问方法连接各种子网，路由器只接收源站或其他路由器的信息，属网络层的一种互连设备。路由器和交换机都是负责数据交换的设备，它们之间的主要区别在于路由器工作于开放系统互连（open systems interconnection，OSI）参考模型的第三层（网络层），而交换机工作在 OSI 参考模型的第二层（数据链路层），因此两者使用了不同的控制信息，并且两者实现各自功能的方式也是不同的。

6.2.2 互联网的结构

网络互连是指在分布于不同地理位置的不同网络之间建立通信链路，完成网络中节点计算机之间的信息交换和资源共享。为了使计算机用户能够利用超出单个系统范围的资源，分组交换网络和分组广播网络应运而生。同样，由于每种网络的功能都是特定的（而不是全面的），单个网络内的资源无法满足用户的所有需求。例如，局域网技术被设计用于在短距离内提供高速信道，而广域网技术被设计用于在广大范围内提供通信。因此，工作在一个网络上的用户经常需要和另一个网络上的用户通信。

为了使连接在不同网络上的任意两台计算机之间能够进行通信，需使位于任何网络上的两个站点之间能够互相通信，并且使每个网络成员都能保持自身的特性，这就需要使用一些特殊的机制来完成多个网络间的通信，由此构成的网络配置就是一个互联网。图6.1是一种常见的互联网结构。

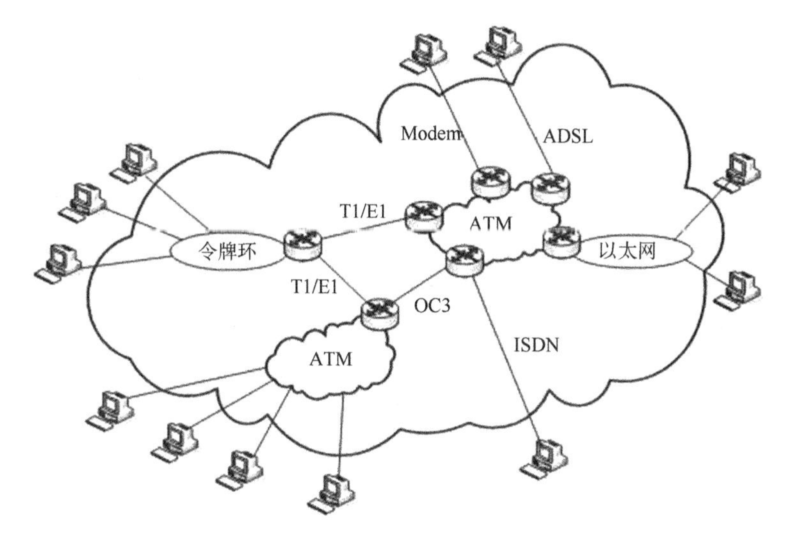

图6.1 互联网结构示意图

互联网中的每个子网都应该支持与网络相连的主机（或端机系统）之间的通信。此外，网络中必须有连接各子网的设备，以保证连接到互联网的不同子网之间能够进行数据交换，这些连接网络的设备可以是网桥或路由器。

网桥或路由器提供数据通信路径，并执行必要的中继和路由选择功能，它们是重要的网络互连设备。网桥与路由器的不同之处在于它们使用了不同类型的协议，以实现网际互连逻辑。

网桥用于连接两个使用相同局域网协议的局域网，它的作用就像是一个地址过滤器，从一个局域网中选取并转发希望传达另一个局域网的分组数据。网桥工作于数据链路层，不但能扩展网络的距离或范围，而且可提高网络的性能、可靠性和安全性。

互联网设施的整体需求可以归纳如下。

（1）提供网络与网络之间的链路。

（2）在位于不同网络上的进程之间提供数据的路由选择和传递功能。

（3）提供审计服务，以跟踪各种网络和路由器的使用情况，并维护状态信息。

（4）不需要改变任何成员网络的网络结构就能够提供上述服务。

由上述需求可知，网际互连设施必须能够允许网络间存在差异，包括如下几点。

(1) 不同的寻址机制：网络有可能使用不同的端点名称、地址。因此，互联网必须提供某种形式的全球网络寻址策略和地址目录服务。

(2) 不同的分组长度：来自某个网络的分组，有可能为了在另一个网络上传输而不得不被分割成较小的数据块，这个过程称为分段或分片。

(3) 不同的网络接入机制：对于不同网络上的站点，站点和网络之间的网络接入机制可能不同。

(4) 不同的状态报告：不同的网络报告，其状态和性能也不同，但是网际互连设施必须能够为感兴趣且获得授权的进程提供有关网际互连运作的信息。

(5) 不同的路由选择技术：网际互连设施必须能够协调故障检测和拥塞控制等技术，以便正确地为不同网络上的站点之间的数据选择路由。

(6) 不同的连接方式：互联网络服务与单个网络的连接服务特性无关，每个网络都有可能提供面向连接（如虚电路）或无连接的（如数据包）服务。

上述要求有一些是通过网际协议满足的，另外一些则由附加的控制和应用软件来完成。

6.3 TCP/IP

互联网诞生之初，阿帕网（ARPANet）通过电话线连接了数百所大学和政府部门的计算机。但随着科技的发展，尤其是无线网络和卫星通信出现以后，原有的协议在与其相连时出现了问题，所以需要一种新的参考体系结构。1974 年，TCP/IP 问世，定义了一种在计算机网络间传送报文（文件或命令）的方法。随后，美国国防部决定向全世界无条件地免费提供 TCP/IP，即向全世界公布解决计算机网络通信的核心技术，并最终推动了互联网的繁荣。

TCP/IP 是互联网最基本的协议，它由一系列传输层和网络层协议簇组成，包括上百个功能协议，如远程登录、文件传输和电子邮件等。而 TCP 和 IP 是保证数据完整传输的两个基本的重要协议，也是 TCP/IP 协议簇的核心。简言之，TCP/IP 定义了电子设备如何连入互联网和数据如何在它们之间传输的标准，并采用了四层结构，每一层都需要其下一层所提供的协议来完成自己的需求。TCP 负责发现传输的问题，一旦出现问题就会发出信号，并要求重新传输，直到所有数据安全正确地传输到目的地；而 IP 提供的是一种不可靠、无连接的数据包传递服务，并给互联网中每一台联网设备规定一个地址。

TCP 和 IP 工作原理如下。

(1) IP 数据包中含有发送该数据包的主机地址（源地址）和接收该数据包的主机地址（目的地址）；IP 层接收来自于更低层的数据包，并将其发送到更高层——TCP层；相反，IP层也将来自于TCP层的数据包传送到更低层。但IP数据包是不可靠的，因为IP并没有采取任何措施来确认数据包是否正确。

（2）TCP是面向连接的通信协议，该协议通过三次握手建立连接，并在通信完成时拆除连接。由于TCP是面向连接的，所以只能用于端到端的通信。TCP提供的是一种可靠的数据流服务，并采用重传确认技术以实现传输的可靠性。

（3）如果IP数据包中存在已封装的TCP数据包，则IP将其向上传送到TCP层。TCP将对包排序并进行错误检查，同时实现虚电路间的连接。TCP数据包中包含序号的确认过程，所以接收到的未按照顺序排列的包可以被重新排序，且损坏的包也可以被重传。TCP将它的信息送到更高层的应用程序，如远程登录协议（Telnet）的服务程序和客户程序。应用程序轮流将信息送回TCP层，TCP层便将其向下传送到IP层，通过设备驱动程序和物理介质，最后传递到接收方。由于一些面向连接的服务（如Telnet、FTP和SMTP）需要高度的可靠性，所以通常使用TCP传输。

6.3.1 TCP/IP体系结构

TCP/IP是一组用于实现网络互连的通信协议。TCP/IP分为四层，分别是网络接口层、网络层、传输层（主机到主机）和应用层。TCP/IP体系结构与OSI参考模型的对应关系如图6.2所示。

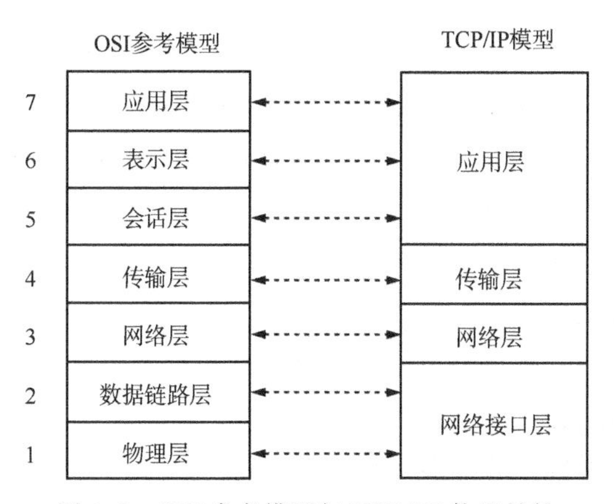

图6.2 OSI参考模型与TCP/IP体系结构

1. 应用层

应用层对应于OSI参考模型的高层，为用户提供所需要的各种服务，应用于该层的协议有FTP、Telnet、域名服务器（domain name server，DNS）和SMTP等。

2. 传输层

传输层对应于OSI参考模型的传输层，它为应用层实体提供端到端的通信功能，保证数据包的顺序传送和数据的完整性。该层定义了两个主要协议：TCP和用户数据包协议（user datagram protocol，UDP）。TCP提供的是一种可靠的、面向连接的数据传输服务；而UDP提供的则是不可靠的、无连接的数据传输服务。

面向连接与无连接是用于数据通信的两种不同的传输技术。面向连接方式下，在发送数据之前，要求建立会话连接（与拨打电话类似），然后才能开始传送数据，传送完成后需要释放连接。建立连接需要分配相应的资源（如缓冲区），以保证通信能正常进行。这种方式可以保证数据以相同的顺序到达接收端，可以提供可靠的网络业务。通常情况下，面向连接的服务在端系统之间要建立连接网络的虚电路，路由器通过虚电路将数据迅速发送出去。

无连接方式下，系统不要求建立发送方和接收方之间的会话连接。发送方只是简单地开始向目的地发送数据分组，系统不必保留发送与接收的状态信息，这对于周期性的突发传输非常有用，但不如面向连接的方式可靠性高。无连接服务的优点是通信较为迅速、使用灵活方便、连接开销小；缺点是可靠性低，不能防止报文的丢失、重复或失序，因此适合传输少量零星的报文。

3. 网络层

网络层对应于OSI参考模型的网络层，主要解决主机到主机的通信问题。该层负责设计数据包在整个网络上的逻辑传输，注重重新赋予主机一个IP地址来完成对主机的寻址，它还负责数据包在多种网络中的路由。该层有三个主要协议：网间协议（IP）、互联网组管理协议（internet group management protocol，IGMP）和ICMP。IP是网间互连层最重要的协议，它提供的是一种不可靠、无连接的数据包传递服务。

4. 网络接口层

网络接口层与OSI参考模型中的物理层和数据链路层相对应，负责监视数据在主机和网络之间的交换。事实上，TCP/IP本身并未定义该层的协议，而由参与互连的各网络使用自己的物理层和数据链路层协议，然后与TCP/IP的网络接口层进行连接。

6.3.2 IP地址和域名系统

现实生活中，人们往往通过两方面信息来确定某人的身份：一是每个人与生俱来的、世界唯一的生理特征，如眼底视网膜、指纹和脱氧核糖核酸（deoxyribonucleic acid，DNA）等；二是由特殊部门颁发的、世界唯一的证件，如身份证。互联网中识别某一台计算机也是这样的：一是网卡生产厂家在生产主机设备时在每一块网卡上都烧录了一个世界唯一的ID，即MAC地址；二是通过为每一台计算机分配一个世界唯一的IP地址，从而识别网络中的计算机的身份。

1. IP地址

IP地址是互联网中使用的网络地址，一种符合TCP/IP规定的地址方案。这种地址方案与日常生活中涉及的通信地址和电话号码相似。IP要求所有加入互联网的网络节点都要有一个统一规定格式的地址，简称IP地址。IP地址能够唯一确定互联网上任意一台计算机的位置。要实现互联网上主机与主机之间的通信，每一台主机就必须有一个地址，而且这个地址应该是唯一的，不允许重复；根据这个唯一的主机地址，就可以在互联网浩瀚的海洋里找到这台主机。

1）IP地址的格式

目前，IP地址的格式广泛采用的是IP第4版，简称IPv4。该版本规定网络地址由32个二进制位组成。IP地址可表达为二进制格式和十进制格式。二进制的IP地址为32位，分为4个8位二进制数，如11010010，00101101，01000011，00100000就可以表示一个IP地址。十进制表示是为了使用户和网管人员便于使用和掌握。每8位二进制数用一个十进制数表示，并以小数点分隔。例如，上例用十进制表示为210.45.63.32。

2）IP地址的分类

IP地址由网络号和主机号两部分组成，根据网络号范围可分为A类、B类、C类、D类和E类。

A类IP地址采用1字节表示网络号，3字节表示主机号，可使用126个不同的大型网络，每个网络拥有16774214台主机，IP地址范围为1.0.0.0～126.255.255.255。

B类IP地址采用2字节表示网络号，2字节表示主机号，可使用16384个不同的中型网络，每个网络拥有65534台主机，IP地址范围为128.0.0.0～191.255.255.255。

C类IP地址采用3字节表示网络号，1字节表示主机号，一般用于规模较小的本地网络，如校园网等。可使用2097152个不同的网络，每个网络可拥有254台主机，IP地址范围为192.0.0.0～223.255.255.255。由于我国加入互联网时间较晚，所以只获得了C类地址使用权。

D类和E类IP地址用于特殊的目的。D类IP地址范围为224.0.0.0～239.255.255.255，主要留给互联网体系结构委员会（internet architecture board，IAB）使用。E类IP地址范围为240.0.0.0～255.255.255.255，这是一个用于实验的地址范围，并不用于实际的网络。

2. 域名

由于数字地址标识不便记忆，所以又产生了一种字符型标识，即域名

(domain name，DN)。域名与 IP 地址相比，更直观一些。域名地址在互联网实际运行时由专用的服务器将其转换为 IP 地址。

域名的命名方式称为域名系统，域名必须按 ISO 有关标准进行。域名由多级组成，各级间由圆点“·”隔开，格式为：

主机名·n 级域名·…·二级域名·一级域名

域名末尾部分为一级域名，代表某个国家、地区或大型机构的节点；倒数第二部分为二级域名，代表部门系统或隶属一级区域的下级机构；再往前为三级及其以上的域名，是本系统、单位名称；最前面的主机名是计算机的名称。较长的域名表示是为了唯一地标识一个主机，需要经过更多的节点层次，与日常通信地址的国家、省、市、区这种行政划分很相似。根据各级域名所代表含义的不同，可以分为地理性域名和机构性域名。掌握它们的命名规律，可以方便地判断一个域名和地址名称的含义及该用户所属网络的层次。表 6.1 给出了标识机构性质的组织性域名的标准。域名地址中从右往左数的第二部分才是表 6.1 中给出的标识机构性质的部分。域名地址的右边第一部分是域名的国别代码，如安徽大学 Web 服务器的域名是 www.ahu.edu.cn，其中 www 代表主机名，ahu 代表学校名称，edu 代表教育机构，cn 代表中国。表 6.2 给出了部分地理性域名的代码。

美国的机构则直接使用顶级域名，而大多数美国以外的域名地址中都有国别代码。

表 6.1　机构顶级域名表

域名	含义	域名	含义
com	商业机构	mil	军事机构
edu	教育机构	net	网络服务提供者
gov	政府机构	org	非营利组织
int	国际机构（主要指北约组织）		

表 6.2　部分国家顶级域名表

代码	国家或地区	代码	国家或地区
au	澳大利亚	be	比利时
fl	芬兰（共和国）	de	德国
ie	爱尔兰	it	意大利
nl	荷兰（共和国）	ru	俄罗斯联邦
es	西班牙	ch	瑞士
uk	英国	mo	澳门

续表

代码	国家或地区	代码	国家或地区
ca	加拿大	sg	新加坡
fr	法国	in	印度
il	以色列	jp	日本
hk	中国香港	tw	中国台湾
cn	中国	us	美国

3. IPv6

随着互联网规模的不断扩大，传统IPv4网络的地址资源已经严重不足。从理论上讲，IPv4可以编址1600万个网络，40亿台主机。但是，采用A、B、C三类编址方式后，可用的网络地址和主机地址的数目则大打折扣，以至于IP地址已于2011年2月分配完毕。其中，北美占有3/4，约30亿个，而人口最多的亚洲只有不到4亿个。中国的IPv4地址数量仅有2.5亿，远远落后于中国广大网民的需求。地址不足严重地制约了中国和其他发展中国家互联网的应用和发展。另外，随着电子技术和网络技术的发展，计算机网络已进入人们的日常生活，因此扩大IP地址空间已迫在眉睫。IPv6是IPv4的升级版，二进制的IPv6地址为128位，单从数量级上来看，IPv6拥有的理论地址容量达到2^{128}个，是IPv4的约8×10^{28}倍。这样不但解决了网络地址资源数量的问题，同时也为除计算机外的设备连入互联网在数量限制上扫清了障碍。

如果说IPv4实现的只是人机对话，而IPv6则扩展到任意事物之间的对话，如家用电器、传感器、远程照相机、汽车，甚至瓜果蔬菜等物品，实现无时不在、无处不在、深入社会每个角落的物联网（internet of things，IoT）。当然，IPv6并非十全十美、一劳永逸，也不可能解决所有的网络问题。但从长远角度看，IPv6有利于互联网的持续和长久发展。

物联网的本质就是物物相连的互联网，它是新一代信息技术的重要组成部分，也是信息化时代的重要发展阶段。这有两层意思：其一，物联网的核心和基础仍然是互联网，是在互联网基础上延伸和扩展的网络；其二，其用户端延伸和扩展到了任何物品与物品之间的信息交换和通信，也就是物物相息。物联网融合了智能感知、识别技术与普适计算等通信感知技术，因此也称为继计算机、互联网之后世界信息产业发展的第三次浪潮。

6.3.3 IP技术的优势

随着网络的普及和应用，IP技术得到了快速发展。谈到IP就不得不说ATM。IP与ATM都属于现代通信网的组网技术，IP技术的发展比ATM早10

年。IP 技术是计算机界思想的体现，以端为中心、组网简单、尽力而为；ATM 技术是电信界思想的体现，以路为中心、协议复杂、功能全面、网络可靠、可管理。IP 与 ATM 的主要区别如下。

(1) IP 包的长度是不固定的，长信息包和短信息包中信息打包、拆包时延差别比较大，从而引入了较大的时延抖动，因此不适于实时业务。当用户增加时，服务质量则随之降低，导致服务质量不稳定。ATM 技术使用固定长度信元，使打包、拆包时延相当，减小了时延抖动，并且小信元长度降低了时延值。另外，ATM 采用流量控制技术，在连接建立之前就通过信令协商，从而保证用户的服务质量要求，只有当网络确认之后才接受入网，保证为每一个虚电路提供不同的服务质量。

(2) IP 技术最显著的优势在于它简单、灵活。首先将待传送的文字、图像和视频等多媒体信息封装到一个个 IP 数据包里，然后将 IP 地址规划完成后就可以实现网络中计算机之间的通信，而 IP 地址的编排规则可以保证互联网中两台或多台计算机之间的通信。ATM 的缺陷就是过高的信元开销和网络复杂性，这对于一些数据业务是难以接受的；另外，ATM 网络为了支持综合业务和保证服务质量而引入的流量控制功能，将使得网络的信令和网络管理功能十分复杂，这不仅增加了网络成本，同时也加大了网络的复杂性。

ATM 技术就像传统学院派学者的风格，它注重从技术底层开始分析，并且充分考虑系统的稳定性、鲁棒性、安全性和可扩展性，正是这种高要求使得 ATM 技术的复杂性和实现成本很高。相比较而言，IP 技术更像自由派专家的风格，它比较务实，从不妄想一步到位解决所有网络问题，而是先将两台计算机连通，然后再慢慢解决一些实际问题，使之逐步完善，即先解决简单问题，再解决复杂问题；先解决表面问题，再解决深层问题；先解决当前问题，再解决未来问题。在 IP 技术诞生之初，“质量差、能力弱”成为了系统的突出问题。但它的生命力旺盛，在不断进取中逐渐走向成熟，并成为当今互联网的核心技术。当然，随着互联网规模的日益壮大，IP 技术的问题也不容忽视，如服务质量差、安全性低、IP 地址紧缺等。随着科技的进步与发展，相信将来这些问题都会得到解决。

6.4 万维网

互联网诞生之初，人们梦想着能拥有一个世界范围内的信息库。在这个信息库中，信息不仅能被全球用户存取，而且用户还可以轻松地获取与查询主题相互关联的信息。20 世纪 90 年代初，英国学者蒂姆·伯纳斯·李让这个梦想变成了现实，他设计出了万维网——一种具有网页浏览功能的互联网信息检索系统。万维网为用户带来的是世界范围内的超级文本服务，用户只需要操纵计算机的鼠标，就可以获得所需的文本、图像、声音和视频等多媒体信息。万维网的出现引发了互联网时代的信息革命。

6.4.1 万维网基本概念

万维网简称Web，是指一个可以通过互联网访问，并由许多互相链接的超文本组成的资料空间。在这个空间中，分散在不同主机中的资源由全局统一资源标识符（uniform resource identifier，URI）标识，可通过HTTP传送给用户，而用户只需通过点击链接便可获得所需资源。万维网可分为Web客户端（浏览器）和Web服务器程序两部分，Web客户端可访问或浏览Web服务器上的页面。万维网提供丰富的文本、图形和音视频等多媒体信息，并将这些内容集合在一起，同时提供网页导航功能，使得用户可以方便地在各个页面之间进行切换。万维网以其内容丰富、浏览方便的优点，成为当今互联网上最重要的服务之一。万维网最大的贡献在于它实现了普通人快捷操作计算机的愿望，极大地推动了互联网的普及应用，在互联网发展史上具有里程碑意义。

万维网的内核部分由HTML、URL和HTTP以及超文本与超文本链接等构成。

1. HTML

HTML是万维网的描述语言。设计HTML的目的是能将存放在不同计算机中的文本、图形和音视频等多媒体资源建立联系，形成有机的整体。用户不用考虑所需信息具体放在哪台计算机和计算机中的哪个位置，只要单击文档中的某个图标，互联网就会立即转到与此图标相关的内容上去，实现有效的信息查询。HTML文本是由HTML命令组成的描述性文本，HTML命令可以说明文字、图形、视频、声音、表格和链接等。HTML的结构包括头部和主体两大部分，头部描述浏览器所需的信息，主体包含所要说明的具体内容。

2. URL

URL是万维网网页的地址，其地址格式排列为scheme：//host：port/path。从左到右由以下部分组成。

（1）互联网资源类型（scheme）：万维网客户程序用来操作的工具，如http：//表示万维网服务器；ftp：//表示FTP服务器；gopher：//表示Gopher服务器等。

（2）服务器地址（host）：万维网网页所在的服务器域名。

（3）端口（port）：有时对某些资源的访问，需给出相应的服务器并提供端口号。

(4) 路径 (path)：服务器上某资源的位置（其格式与 DOS 中的格式一样，通常为目录/子目录/文件名）。与端口一样，路径并非总是需要的。

例如，http：//www.ahu.edu.cn/c/24562/index.shtml 就是一个典型的 URL 地址。客户程序首先看到 http，便知道处理的是 HTML 链接。接下来的 www.ahu.edu.cn 是站点地址，再接着是目录 c/24562，最后是超文本文件 index.shtml。需要注意的是万维网上的服务器是区分大小写字母的，所以要注意正确的 URL 大小写表达形式。

3. HTTP

HTTP 是万维网的核心技术，它提供了一种发布和接收 HTML 页面的方法。换句话说，HTTP 定义了浏览器如何向万维网服务器发出文档请求和服务器如何将文档传送给浏览器。从层次的角度看，HTTP 是面向应用层的协议，它是万维网上能够可靠地交换文件（包括文本、声音和图像等各种多媒体文件）的重要基础。所有的万维网文件都必须遵守这个协议标准。

4. 超文本与超文本链接

超文本与书本上的文本一样，是一种文本格式。但与传统文本文件之间的主要区别在于传统文本是以线性方式组织的，而超文本的组织方式是非线性方式。这里的非线性是指与文本相关的内容通过链接方式组织在一起，用户可以很方便地浏览这些相关内容，而且这种组织方式与人们的思维方式和工作方式比较接近。

超文本链接是指文本中的词、短语、符号、图像和音视频等与其他的文件、超文本文件之间的链接。建立互相链接的这些对象不受空间位置的限制，可以在同一个文件内或在不同的文件之间，也可以通过网络与世界上任何一台计算机中的文件之间建立链接关系。每个超文本链接都有两个端点：其中一端通常称为链接，它可以是超文本或图形按钮；另一端则是链接的目标，目标可以是同一服务器上的某一对象或位于互联网其他位置的服务器，只要是万维网上可以共享的资源都可以。例如，当用户单击浏览器页面中待选的文本时，转眼间就会被带到另一个文档（或是同一文档的其他部分，或是完全不同类型的一种对象）。其实，用户并没有真正地被带到某个地方，只不过是浏览器在万维网上寻找并捕捉到了用户所需要的东西。

6.4.2 万维网门户网站

早期的互联网络虽然聚积了大量有用的文献和软件，却没有人来管理，信息分布在世界各地。用户要想找出和某一项目有关的文件和档案，可能需要花费很多的时间。就好像一个进入藏宝山洞的年轻人，望着布满四周、闪闪发亮的宝石，却不知如何选择。尤其对于新手而言，那些将资料集中在一处的网络搜索站台则是他们的救星，这些搜索站台为用户在互联网上冲浪提供了保障。门户网站是指通向某类综合性互联网信息资源并提供有关信息服务的应用系统。门户网站的业务包罗万象，已成为网络世界的“百货商场”或“网络超市”。如果说互联网是信息的海洋，门户网站则为用户提供了一份详细的“航海图”。

互联网上第一个门户网站是雅虎（YAHOO!）。1994 年，美国斯坦福大学两位博士生杨致远（Jerry Yang）和大卫·费罗（David Filo）在互联网上组织了一个可供登录者按自己的需求查询内容的站点，并引入关键字技术，使得查询速度比用户盲目地使用搜索引擎要快得多。他们利用浏览器制作了自己的主页，把自己喜欢的网址收集起来，链接到自己的主页上。随着收集的站点资料日益增多，他们开发了一个数据库系统来管理资料，并把资料整理成方便的表格。随着站点的名单越来越长，他们又将站点分成不同类别，每个站点又分成子类。于是世界上第一个综合类信息资源门户网站——雅虎诞生了，其核心就是按层次将站点分类，这很像中国的图书分类法。中国图书分类法将图书根据内容分成大类，大类下面再分小类、细类，直到书名目录。

门户网站在免费为世界用户提供地址搜索信息的同时，也蕴涵了巨大的商机——互联网广告。随着门户网站知名度的增加，越来越多的公司会申请加入搜索目录，网站通过在主页上为公司发布广告而获得巨大的商业利润。例如，1995 年 YAHOO! 公司的净收入中广告占 93%。

国内知名的门户网站如新浪、搜狐、网易、奇虎 360 和腾讯等，主要为用户提供新闻、搜索引擎、网络接入、聊天室、电子公告牌、免费邮箱、影音资讯、电子商务、网络社区、网络游戏以及免费网页空间等。这些门户网站与人们的生活紧密结合，开创了互联网的崭新时代。

6.5 互联网接入方式

用户若要接入互联网，实现浏览网页、在线交友、购物、视频聊天等功能，必须向互联网服务提供商（internet service provider，ISP）提出申请，也就是说要找一个信息高速公路的入口。互联网服务商又称 Internet 服务提供者，如美国最大的 ISP 是美国在线，中国最大的 ISP 是有国际出口的中国四大骨干网。

（1）拨号连接。拨号连接方式出现最早，通过调制解调器可实现 PSTN 用户接入互联网。PSTN 拨号接入方式比较经济，且使用方便，只要利用调制解调器将电话线与计算机相连就可以上网。但其最高传输速率仅为 56Kb/s，远远不能满足宽带多媒体信息的传输需求。

（2）ISDN。ISDN 俗称“一线通”，它采用数字传输和数字交换技术，将电话、

传真、数据和图像等多种业务综合在一个统一的数字网络中进行传输和处理。用户利用一条ISDN用户线路，可以在上网的同时拨打电话、收发传真，就像两条电话线一样。窄带ISDN的极限带宽为128Kb/s，难以满足高质量宽带应用。

(3) ADSL。ADSL有“网络快车”之美誉，因其下行速率高、频带宽、性能优、安装方便、不需交纳额外的电话费等特点而深受广大用户喜爱，成为继调制解调器、ISDN之后的又一种全新的高效接入方式。ADSL的特点是利用普通铜质电话线的高频段带宽传输数据信号，且不影响电话（低频信号）的使用。ADSL上行速率可达1Mb/s，下行速率可达8Mb/s。目前，在一些没有铺设光纤的小区或办公楼内通常采用该技术接入互联网。

(4) 线缆调制解调器。随着有线电视网的发展，有线电视网通过线缆调制解调器（cable-modem）访问互联网的方式得到了广泛应用。线缆调制解调器是一种超高速调制解调器，它利用现有的有线电视（community antenna television，CATV）网进行数据传输。线缆调制解调器连接方式分为两种：对称速率型和非对称速率型。前者的上行速率和下行速率相同，都为500Kb/s～2Mb/s；后者的上行速率为500Kb/s～10Mb/s，下行速率为2～40Mb/s。

(5) 光纤宽带入网。光纤宽带入网通常是利用以太网技术，采用“光缆＋双绞线”的方式对社区进行综合布线。用户的计算机通过双绞线接入光纤接入模块就可实现宽带上网。该方式的价格适中，可充分利用小区局域网的资源优势，为居民提供10Mb/s以上的共享带宽，并可根据用户的需求升级到100Mb/s以上，因此该方式也是目前最常用的互联网接入方式之一。

(6) 专线连接。针对一些规模较大的企业、团体和高校，专线连接是一种较为理想的互联网接入方案。由于这些单位的员工较多，互联网访问量很大，所以传统的接入方式难以满足要求。专线连接可以将单位内部的局域网，通过公用数字数据网（DDN）、光纤等多种接入方式专线接入互联网，并且可以获得固定IP地址。这种连入方式的数据传输速率通常可达1Mb/s以上。常见的接入方式如表6.3所示。

表6.3 常见接入方式比较

上网接入方式	连接速度	接入服务价格
调制解调器	最高56Kb/s（最慢）	中
ISDN	64～128Kb/s（较慢）	中
ADSL	数百Kb/s～数Mb/s（快）	低
线缆调制解调器	数百Kb/s～数Mb/s（快）	低
光纤宽带入网	数Mb/s～上百Mb/s（快）	低
专线连接	数百Kb/s～上百Mb/s（快）	高

6.6 互联网应用与网络安全

6.6.1 互联网典型应用

1. 电子邮件

电子邮件（E-mail）是一种用电子手段提供信息交换的通信方式，是互联网应用最广的服务之一。通过网络的电子邮件系统，用户能够以非常低廉的价格（不管发送到哪里，都只需负担网费）、非常快速的方式（几秒钟之内可以发送到世界上任何指定的目的地），与世界上任何一个角落的网络用户联系。电子邮件可以是文字、图像、声音、视频等多种形式。同时，用户可以得到大量免费的新闻、专题邮件，并轻松实现信息搜索。电子邮件极大地方便了人与人之间的沟通与交流，促进了社会的发展。电子邮件服务由专门的服务器提供，一些大型网站，如谷歌、雅虎、微软、网易、腾讯、新浪等均推出免费或付费邮箱——Gmail 邮箱、Yahoo 邮箱、MSN 邮箱、网易 163 邮箱、126 邮箱、QQ 邮箱等。用户只需简单注册，就可以获得邮箱使用权。

1971 年，阿帕网工作人员——麻省理工学院博士汤姆林森（Tomlinson）将一个可以在不同的计算机网络之间进行复制的软件和一个仅用于单机的通信软件进行了功能合并，并将其命名为 SNDMSG（send message）。随后，他使用这个软件在阿帕网上发送了第一封电子邮件，收件人是另外一台计算机上的自己。汤姆林森选择“@”符号作为用户名与地址的间隔，因为这个符号比较生僻，不会出现在任何一个人的名字当中，而且这个符号的读音（at）也有“在”的含义。

为了方便用户管理邮箱，Outlook、Foxmail 等电子邮件软件终端被开发出来，它们通过 POP3 和 SMTP，使得用户不必打开网页就可以接收和发送电子邮件。目前，基于 Web 的电子邮件系统大都支持 POP3 和 SMTP，因此不需要打开网页，用户就可以通过 Outlook 或 Foxmail 收发电子邮件了。此外，通过 Outlook 或 Foxmail 还可将邮件下载到用户计算机的硬盘上，这样就不用担心邮箱的大小不够用，同时还能避免别人窃取密码以后偷看用户的信件（前提是用户不在服务器上保留副本）。

POP3 规定了怎样将个人计算机连接到互联网的邮件服务器并下载电子邮件。SMTP 是互联网电子邮件第一个离线协议标准，它是一组用于从源地址到目的地址传输邮件的规范，通过它可以控制邮件的中转方式。SMTP 提供了一种邮件传输的机制，当收件方和发件方都在一个网络上时，可以将邮件直传给对方；当双方不在同一个网络上时，需要通过一个或几个中间服务器转发。SMTP 首先由发件方提出申请，要求与接收方 SMTP 建立双向的通信渠道，收件方可以是

最终收件人也可以是中间转发的服务器；收件方服务器确认可以建立连接后，双方就可以开始通信。SMTP属于TCP/IP协议簇，它帮助每台计算机在发送或中转信件时找到一个目的地。SMTP服务器就是遵循SMTP的发送邮件服务器。

电子邮件从诞生至今经历了收费、免费、大容量、无限容量几个发展阶段。2000年前后，电子邮件服务商仅能为用户提供2～50MB容量的免费邮箱服务。2004年，谷歌（Google）推出高达1GB的名为Gmail的免费电子邮件服务。2007年，网易科技推出了无限容量的免费电子邮箱服务。

2. 搜索引擎

搜索引擎是互联网最广泛的应用之一，人们可以通过一层层的点击来查找所需信息或网站。1990年，加拿大麦吉尔大学计算机学院的师生开发出Archie。当时万维网还没出现，Archie能定期搜集并分析FTP服务器上的文件名信息，提供查找FTP服务器上的文件供用户使用。虽然Archie搜集的信息资源不是网页，但和现代搜索引擎的工作方式是一样的：自动搜集信息资源、建立索引、提供检索服务，因此Archie被公认为现代搜索引擎的鼻祖。

除了为用户提供各种咨询，搜索引擎还开创了许多新型的商业模型，如通过搜索结果的位置来定价。搜索引擎最大的收入来源就是广告，这些广告并不像门户网站那样把商家的广告排列起来，而是根据关键词进行排名。例如，销售空调的企业可以申请将企业名称和网站链接放在“空调”关键词搜索结果的第一页，甚至第一行（不同位置的广告费用是不同的）；而搜索引擎依据客户的点击率收费，结果显示这种点击率与商品成交率成正比，因此成为互联网时代新的广告模式。

搜索引擎的特点是可以根据关键词从浩如烟海的网页中获取需要的信息，但是这也给搜索引擎带来了诸多麻烦。例如，搜索引擎服务商很难辨别申请企业的真伪，因而有可能造成假冒伪劣商品的出现，危害消费者利益。另外，搜索内容还会涉及版权和个人隐私问题，这些都给搜索引擎公司带来了麻烦。即便如此，搜索引擎仍然是互联网经济繁荣的一个重大契机。如今的搜索引擎，可搜索的东西已经不仅是关键词，还包括地图、音乐、卫星照片、视频等。

3. 远程教育与远程医疗

随着互联网时代信息处理技术的不断提高和电视、电话、互联网的逐步普及，远程教育与远程医疗得到了广泛的应用，传统的教育与医疗行业发生了巨大变革。人们希望通过互联网技术将优秀教师和高水平医生的覆盖范围进一步扩大，让更多的偏远地区或不发达地区的人们也能享受优质的教育与医疗服务。

1）远程教育

远程教育是指通过音频、视频（直播或录像）以及包括实时和非实时在内的计算机技术，将课程传送到校园外的教育领域。随着计算机技术、多媒体技术、通信技术的迅猛发展，远程教育手段有了质的飞跃。现代远程教育是以远程教育手段为主，兼容面授、函授和自学等传统教学形式，具有多种媒体优化组合的教育方式。现代远程教育主要经历了三个发展阶段，第一阶段是以邮件传输的纸介质为主的函授教育阶段；第二阶段是以广播电视、录音录像为主的广播电视教学阶段；第三阶段是互联网远程教育阶段。

远程教学的实现方式有多种，如网络教学、多媒体互动教学等。如今，国内外知名高校，如牛津大学、剑桥大学、哈佛大学、北京大学和清华大学等均开设了网络课程，经网上注册的会员在家里就能系统地享受专业知识培训，并能参与在线课程讨论，经考核合格后用户可以获得学校颁发的网络课程学习证书。在宽带互联网高速发展的今天，人们的学习环境已经摆脱了地域的限制，互联网可以让全世界的用户都能享受高质量的教育资源。例如，在一些发达国家的高档社区内，通常会设有多媒体互动教室。在这个课堂上，来自不同国家的老师和学生通过互联网相聚在一起，除了不能牵手和拥抱，远隔千里的老师和学生能体验同一份欢乐。

2）远程医疗

远程医疗是计算机技术、通信技术、多媒体技术与医疗技术的结合，旨在提高诊断与医疗水平、降低医疗开支、满足人们保健需求的一项全新的医疗服务。借助互联网信息平台，远程医疗系统可以使相隔两地的医疗机构实现实时对话，为患者提供全面的诊疗服务。远程医疗包括远程医疗会诊、远程医学教育、建立多媒体医疗保健咨询系统等。远程医疗会诊在医学专家和患者之间建立起全新的联系，使患者在原地、原医院即可接受远在外地专家的会诊，并在其指导下得到治疗和护理，可以节约医生和患者的大量时间和费用。

4. 网络即时通信

网络即时通信是指能够即时发送和接收互联网消息等的业务。如今，网络即时通信不再是一个单纯的聊天工具，它已经发展成集交流、资讯、娱乐、搜索、电子商务、办公协作和企业客户服务等为一体的综合化信息平台。随着移动互联网的发展，互联网即时通信也在向移动化发展。目前，国内外主要的即时通信提供商都提供通过手机接入互联网即时通信的业务，用户可以通过手机与其他已经安装了相应客户端软件的手机或计算机收发消息。

QQ是一款基于互联网的网络即时通信软件，它支持在线聊天、视频电话、点对点断点续传文件、共享文件、网络硬盘、自定义面板、QQ邮箱等多种功能，并可与移动通信终端等多种通信方式相连。QQ的优点是使用率较高，适合网上休闲和聊天。

微信（WeChat）是一款基于互联网平台为智能终端提供即时通信服务的应

用程序，微信支持跨通信运营商、跨操作系统平台快速发送语音短信、视频、图片和文字，仅需消耗很少的数据流量。微信还提供公众平台、朋友圈、消息推送等功能，用户可以通过“摇一摇”“搜索号码”“扫二维码”等方式添加好友和关注公众平台，同时还可以将内容分享给特定好友和朋友圈。

2015年羊年春节，最火的当属在手机上“抢红包”。春节这几天，一个拼手气红包一旦在微信好友群里出现，瞬间就会被秒杀。有人则在收看央视春晚全过程中不断摇动手机，希望抢到几元乃至几百元的微信春晚红包，即使毫无收获，仍然乐此不疲。

4G移动通信的成熟推广、WiFi的广泛使用和智能手机质量的提升，使移动支付更加方便和快捷，减少了用户的时间和精力成本，为手机“抢红包”活动提供了必要的条件。未来，在线或移动支付将全方位进入人们的日常生活，而抢得移动支付先机的互联网企业也在很大程度上占据了移动互联网的重要入口。

众多微信朋友群的抢红包活动，实际上是生活中社交活动的延续。“抢红包”的突然兴起，尤其是在春节期间的“爆发”，让日常社交关系抢了乡里乡情的“地盘”，而并非是表面上所看到的手机抢去了时间、屏蔽了亲情和友情。

不过，科技的发展，确实让很多传统方式“出局”，乃至电话、短信拜年都已经完败给微信，并影响到人们过年或维系感情的方式。如何在技术突飞猛进的时代，既享受到科技带来的“福利”，又不因此“冷落”身边人，也确实是一个需要深入讨论的新话题。

雅虎通是一款国际主流即时通信工具之一，它拥有独特的聊天情景，并提供语音聊天室、超级视频等功能，能够满足用户与朋友、家人、同事和其他人进行趣味十足的即时交流。

MSN即时通信也是一款网络即时通信软件，可以支持与亲人、朋友、工作伙伴进行文字聊天、语音对话和视频会议等即时交流，还可以通过此软件来查看联系人是否联机。微软MSN移动互联网服务提供包括手机MSN、必应移动搜索、中文资讯、手机娱乐和手机折扣等创新移动服务，满足了用户在移动互联网时代的沟通、社交、出行和娱乐等诸多需求，在国内拥有大量的用户群。MSN的优点是比较稳定，适合办公使用。2014年10月31日，MSN即时通信正式退出中国市场，取而代之的是Skype。

Skype是一款即时通信软件，其具备即时信息（IM）所需的功能，如视频聊天、多人语音会议、多人聊天、传送文件、文字聊天等功能。它可以免费高清晰地与其他用户语音对话，也可以拨打国内、国际电话，无论固定电话、手机均可直接拨打，并且可以实现呼叫转移、短信发送等功能。

5. 社交网络

社交网络即网络社交，其实质就是借助互联网进行社交活动。早期的电子邮件解决了远程的邮件传输问题，同时它也是社交网络的起点。BBS（bulletin board system）则实现了个人向所有人发布信息并讨论话题的功能。即时通信和博客（blog）更像是前面两个社交工具的升级版本，即时通信提高了即时效果（传输速度）和同时交流能力（并行处理）；博客则开始体现社会学和心理学的特征，信息发布节点开始体现越来越强的个体意识。目前，常用的社交网络工具有脸谱（Facebook）、YouTube、Twitter、百度贴吧、新浪微博和天涯社区等。

社交网络在当前社会中扮演着重要的角色，现已成为人们生活的一部分。社交网络成为人们获取信息、展现自我、营销推广的窗口。人们利用这个免费平台可以了解朋友的最新动态、和朋友聊天、搜寻新朋友。用户可以每天都来这个平台逛逛，看看朋友在做什么，检查有没有新收到的消息并进行回复，或者更新个人的资料。截至2014年，约有一半以上的互联网网民通过社交网络沟通交流、分享信息，社交网络已成为覆盖用户最广、传播影响最大、商业价值最高的互联网通信业务。在这个平台上，每个人都形成了一个“自媒体”，每个人都是信息的生产者和消费者。尤其是在突发和热点事件中，社交网站的表现让人眼前一亮，其快速的信息传播方式甚至超越传统的新闻媒体。社交网站的出现，让每一个“小我”都有了展示自己的舞台，引发了大量用户原创内容的爆发式增长，它引领了一个“人人都能发声，人人都可能被关注的时代”。但是，社交网络也存在着一些弊端，如个人信息的泄露、不良的舆论导向等。

6. 电子商务

互联网开创了电子商务的全新时代。现在，越来越多的人在互联网上买卖商品。互联网成功地孕育出一个个分门别类、规模巨大的超级卖场，淘宝、京东、当当、1号店、汽车之家等为用户提供了一个开放的购物平台；携程、去哪儿网为用户的出行提供便捷、经济的方案；支付宝、零钱宝等为用户在线支付水、电、煤费用以及信用卡还款提供了便利途径；余额宝、理财通等可以为用户提供随存随取的互联网金融服务。用户足不出户就可以随时随地地享受便捷、舒心的生活服务。

按照甲方、乙方类型的不同，可将电子商务分为企业对用户（business to customer，B2C）、企业对企业（business to business，B2B）、个人对个人（consumer to consumer，C2C）和企业对政府（business to government，B2G）四类。不同的购物网站，其电子商务类型决定了其客户群范围。例如，阿里巴巴集团是典型的B2C商业运作模式，而阿里巴巴旗下的淘宝网则属于C2C，支付宝更是为用户的在线支付提供了必要的诚信保证。

互联网为世界范围内的个人或者企业用户快速地搭建一个交流平台，并创造了商机。然而，电子商务的出现很大程度地冲击了传统商业模式。例如，传统零售业、制造业、传媒业和影音行业在互联网时代纷纷面临生存危机，它们都将面

临着新一轮的商业重构。

6.6.2 互联网络安全

1. 网络入侵

由于互联网的开放性和互连性等特点，致使网络容易受到病毒、黑客和恶意软件的攻击。更令人担忧的是，用户往往在毫无察觉的情况下成为攻击的目标。通过电子邮件、浏览网页和文件下载等途经传播的病毒不仅危害大，而且传播速度惊人。以蠕虫“尼姆亚”（Worm Nimaya）病毒为例，该病毒在美国东部被发现后，不到半小时就传到了中国，24h 内感染了超过 220 万台服务器和个人计算机，给用户带来了巨大的经济损失。为此，网络安全专家指出，良好的使用互联网的习惯，可以有效降低计算机遭受病毒和黑客攻击的风险。常用的有效措施如下。

（1）及时备份资料。计算机系统永远都不会是无懈可击的，只需一条蠕虫病毒或一只木马病毒就已足够损毁所有数据。

（2）选择难以猜测的密码。不要用与自己有关的数字，最好使用无意义的英文大小写字母、阿拉伯数字和特殊符号混合而成，如 p＃j4，_Wr。这样的密码，黑客破译所需的时间将会大大增加，还应及时修改默认密码。

（3）安装杀毒软件，并及时升级；安装反间谍程序，并且经常运行检查。目前，常见的杀毒软件有 360 杀毒和金山毒霸等。

（4）及时更新操作系统，时刻留意软件服务商发布的补丁，并进行安装。操作系统并不是完美无缺的，很多病毒就是利用系统的漏洞对用户进行攻击的。“冲击波”就是利用微软 RPC 漏洞进行传播的蠕虫病毒，它至少攻击了全球 80％ 的 Windows 用户，使他们的计算机无法工作并反复重启。因此，用户应定期查看系统安全公告，以便获得安全信息和安装系统补丁。

（5）长期不用计算机时，千万别忘了断开网线和电源。

（6）浏览器中有时会出现一些黑客钓鱼软件，用户对此要保持清醒，拒绝点击其链接，同时将电子邮件客户端的自动脚本功能关闭。

（7）在发送敏感邮件时使用加密软件，也可用加密软件保护硬盘上的数据。

（8）使用个人防火墙，阻止其他计算机、网络和网址与自己的计算机建立连接，对自动连接到网络的程序保持谨慎。防火墙软件是将计算机和互联网隔开的一道“代码墙”，它通过检查进出防火墙的所有数据包，决定该放行还是拦截这个数据包。换句话说，防火墙在不妨碍用户正常上网的同时，阻止互联网上的其他用户对该计算机进行非法访问。如果入侵已经发生或间谍软件已经安装，并主动连接到外部网络，那么自带防火墙就无能为力了。

（9）关闭不使用的系统服务，如远程登录等。

（10）保证无线网络的安全。在家里，可以使用 WiFi 网络安全接入系统

（WiFi protected access，WPA）和至少20个字符的密码；尽量避免接入来历不明的免费无线网，尤其是在进行网上支付的时候。

2. 隐私泄露

在互联网时代，当曝光的名人隐私吸引越来越多的看客时，人们应该清醒地认识到，也许下一个受害者可能就是自己。当人们将越来越多的工作和秘密交给手机、互联网和个人计算机处理时，也就是将个人隐私暴露在互联网上，因为所有用户的上网痕迹都会被清晰地记录在互联网某台服务器上，并将成为他人犯罪的路标。一些大型的网络公司（如谷歌、脸谱）的民事诉讼规模越来越大，隐私泄露已经成为网络时代的突出问题。如何保护个人隐私已成为互联网时代亟待解决的问题。

个人信息的安全隐患来自多方面，防患于未然需要全社会的共同努力，具体措施如下。

（1）保护个人隐私首先要从自己做起，在上网和使用计算机时提高自身的保护意识。

（2）重要文件的删除应当使用杀毒软件自带的“文件粉碎”功能，对文件进行彻底的不可恢复性粉碎。

（3）个人和单位在处理废旧计算机时，千万不要简单地格式化，一定要将硬盘内的盘片打孔或毁坏，以防硬盘内的数据被不法分子盗取。

目前，我国对个人信息的采集、存储、使用、传播和转让，至今缺乏有效的规范和相应的法律规定，主要原因是找不到侵权主体，而且取证也有难度，这些因素从客观上助长了个人信息泄露事件的发生。保护个人信息亟待法律“护航”，约束相关行业加强对个人信息的管理，促使相关企业信守承诺，并依法追究导致个人信息泄露者的责任。2014年2月27日，中国成立了中央网络安全和信息化领导小组，标志着网络安全已经列入我国国家发展战略规划。

6.7 互联网的发展趋势

随着移动终端和智能手机的普及，以及无线宽带覆盖区域的扩大，互联网将进一步影响人们生活的方方面面。社交网络、即时通信、搜索引擎和电子商务等不但高效、便捷地提升了人们的学习、工作效率，丰富了人们的文化娱乐需求，而且极大地推动了社会经济的发展。互联网已经成为了促进传统产业升级、倡导绿色环保的引擎。展望未来，互联网的发展呈现以下几个趋势。

（1）移动互联网用户激增。随着智能手机、上网本等移动终端的加入，互联网的终端节点有了大规模的增长，并且进一步提升了互联网的功能，使得用户可以摆脱网线的束缚，随时随地接入互联网，明显增加了用户上网的可能性和时长。移动互联网同样对搜索的需求量非常大，人们往往需要在移动状态下搜索相关信息，如搜索附近的加油站、餐厅的位置信息等。移动互联网的浪潮正在席卷社会的方方面面，新闻阅读、视频节目、电商购物和公交出行等热门应用都出现在移动终端上，为人们的生活提供了更多的便利条件。

(2) 互联网运行更加有序、安全，网络经济犯罪将得到有效控制，银行个人账户信息会更安全；互联网更注重对个人隐私权的保护，网络信息将得到更有效的管控。例如，个人健康医疗信息只对医院开放。各国政府将出台网络信息安全法规，实现在法律层面保护互联网用户，即人们有权知道个人信息是如何被使用的。

(3) 公众信息数据会更开放，普通网络用户将得到更多的访问权限。例如，纽约市将详尽的犯罪记录等警务数据开放，企业就能据此开发出提示公众避免进入犯罪高发区域和让用户提高警惕的手机应用程序，从而有效降低犯罪率；而且能将犯罪记录信息和动态交通数据结合起来，起到指导调配警力的作用。公众数据开放还意味着新的商业机会和运营成本的降低。例如，基于北京市政务数据资源网提供的“交通执法机构”数据开发出的服务程序，可以给市民提供公交车到站信息查询服务。这些公众信息数据的开放可以为企业节省成本，为普通用户提供更加周到的便捷服务。

(4) 大数据、云计算将为互联网发展助力。当今互联网世界中产生的人与人交互信息、位置信息和商品物流信息等，其数量已经远远超越现有基础设施的承载能力。大数据用来描述和定义信息爆炸时代产生的海量数据。据统计，从人类文明出现到2014年所有存储下来的数据量总和仅相当于当前人类两天创造的数据量。全球最大的图书馆——美国国会图书馆的所有馆藏不足今天人类一天所产生数据量的万分之一。截至2014年，互联网数据量已经高达200PB (1024TB=1PB)，而整个人类文明所获得的全部数据中，有90%是过去两年内产生的。预计到2020年，全世界所产生的数据规模将达到当前的44倍。大数据是互联网时代真正有价值的资产，云计算强大的计算能力为数据资产提供了保管、访问的场所和渠道。因此，基于大数据、云计算的下一代互联网将有更多创意和实用性的应用出现，并在国民生产、企业决策乃至个人生活服务等方面有着重要的作用。

基于大数据的计算分析为人们看待世界提供了一种全新的方法，即决策行为将日益基于数据分析，而不是像过去更多地凭借经验和直觉。例如，卓越亚马逊、淘宝等互联网电商通过对海量数据的掌握和分析，为用户提供更加专业化和个性化的服务；高德地图导航中的交通信息，是建立在众多出租车司机实时贡献的数据之上的，这个车主共享的大数据为整个社会的交通出行提供了便利；谷歌通过网民搜索行为，能够第一时间预测流感爆发地和传播趋势。不仅在商业方面，大数据还应用在社会的其他方面，智能电网、智慧交通、智慧医疗、智慧环保和智慧城市等的蓬勃兴起都与大数据技术与应用的发展息息相关。

多媒体通信

7.1 多媒体通信概述

随着社会的进步与发展，人与人之间沟通的个性化、多样化与便捷性越来越受到人们的重视，传统的通信手段已经无法满足现代人的需要。利用多媒体通信，不仅能让用户图文并茂地交流信息，而且对通信的全过程具有完备的交互控制能力。

多媒体通信打破了传统的单一媒体通信方式和单一电信业务的通信格局，开辟了当今世界计算机和通信产业的新领域，广泛影响着人类的生活和工作。多媒体通信将是未来通信发展的方向之一，具有广泛的发展空间。

7.2 多媒体通信基本概念

1. 媒体

媒体是信息的载体，是指信息传递和存储的最基本技术和手段。根据国际电报电话咨询委员会（CCITT）的定义，媒体可划分为五大类。

1） 感觉媒体

感觉媒体是指人类通过其感觉器官，如听觉、视觉、嗅觉、味觉和触觉等器官直接产生感觉的一类媒体，包括声音、文字、图像和气味等。

2） 表示媒体

表示媒体是指用于数据交换的编码表示形式，包括图像编码、文本编码和声音编码等。其目的是有效地加工、处理、存储和传输感觉媒体。

3） 显示媒体

显示媒体是进行信息输入和输出的媒体。输入媒体包括键盘、鼠标、摄像头、话筒、扫描仪和触摸屏等。输出媒体包括显示屏、打印机和扬声器等。

4）存储媒体

存储媒体是进行信息存储的媒体。通常包括硬盘、光盘、磁带、只读存储器和随机存储器等。

5）传输媒体

传输媒体是指将信息进行传输的媒体。这类媒体包括双绞线、同轴电缆、光缆和无线链路等。

2. 多媒体

多媒体通常是指感觉媒体的组合，即声音、文字、图像和数据等多种媒体的组合，它融合了两种或者两种以上媒体的信息交流和传播。多媒体元素指多媒体应用中可显示给用户的媒体组成，主要包括文本、图形、图像、声音、动画和视频图像等媒体元素。多媒体具有以下三个主要特点。

1）信息量巨大

信息量巨大表现在信息的存储量和传输量上。例如，640×480 像素、256 色彩色照片的存储量为 0.3MB；光盘（CD）双声道的声音每秒存储量为 0.16MB；广播质量的数字视频的码率约为 216Mb/s；高清晰度电视数字视频码率在 1.2Gb/s 以上。

2）数据类型的多样性与复合性

多媒体数据包括文本、图形、图像、声音和动画等，而且还具有不同的格式、色彩、质量等。

复合性指媒体信息的多样性或多维化，即不仅仅局限于文本、话音、图像等视听领域的信息，还扩展到嗅觉、味觉、触觉等领域，以便更好地丰富和表现信息。

3）数据类型间的区别大

不同媒体间的存储量差别较大。不同媒体间的内容与格式不同，相应的内容管理、处理方法和解释方法也不同。

声音和动态图像的时间媒体元素与建立在空间数据基础上的信息组织方法有很大不同。

3. 多媒体技术

多媒体技术定义为采用计算机综合处理多媒体信息，主要包括文本、图形、图像和声音等，使多种信息建立逻辑连接，集成为一个系统并具有交互性。简单地说，多媒体技术是对多媒体信息进行数字化采集、获取、压缩/解压缩、编辑、存储等加工处理，再以单独或合成形式表现出来的一体化技术。多媒体技术体现了信息载体的多样化。

多媒体技术最简单的表现形式是多媒体计算机。多媒体计算机相对于普通计算机的根本不同点在于，多媒体计算机中增加了对活动图像（包括伴音）处理、存储和显示的能力。其主要特征体现在它能够有效地对活动图像数据进行实时的压缩和解压缩，并能够使其在时间上具有相关性的多媒体保持同步。

4. 多媒体通信

多媒体信息的获取、存储、处理、交换和传输，即多媒体通信。多媒体通信是多媒体信息处理技术和组网技术的融合，其中包含各种信息的处理技术和组网技术的应用。

7.3 多媒体通信及相关技术

7.3.1 多媒体通信的特点

多媒体通信技术是多媒体技术、计算机技术、通信技术和网络技术相互结合和发展的产物，涉及多个相关的领域。从物理结构上看，由若干个多媒体通信终端和多媒体服务器经过通信网络连接在一起构成的系统，就是多媒体通信系统。

多媒体通信系统必须同时兼有多媒体的集成性、计算机的交互性和通信的同步性以及信息传输的实时性与等时性。

1. 集成性

多媒体的集成性包括两方面：一方面是多种信息媒体的集成；另一方面是处理这些媒体的设备和系统的集成。在多媒体系统中，各种信息媒体不再采用单一的方式进行采集和处理，而是由多个通道同时统一采集、存储和加工处理，并强调各种媒体之间的协同关系。此外，多媒体系统应该包括能处理多媒体信息的高速、并行的中央处理器（central process unit，CPU)、多通道的输入/输出接口及外部设备、宽带通信网络接口及大容量的存储器等，并将这些硬件设备集成为统一的系统。在软件方面，有多媒体操作系统、满足多媒体信息管理的软件系统、高效的多媒体应用软件和创作工具等。这些多媒体系统的硬件和软件在网络的支持下，集合成为处理各种复合信息媒体的信息系统。

2. 交互性

多媒体通信终端的用户在与系统通信的全过程中具有完备的交互控制能力，使用户能够按照自己的思维习惯和意愿主动地选择和接收信息，更加有效地控制和使用信息。

交互性包含两方面的内容：一是人机接口，即要求终端向用户提供的操作界面能够满足多媒体通信系统复杂的交互操作需要；二是用户终端与系统之间的应

用层通信协议。在多媒体通信中，需要存储、传输、处理和显示多种表示媒体，强调媒体元素之间的协同关系。各媒体之间存在复杂的同步关系，不同的媒体分别采用串行或并行的方式传送，但在终端需按照同步关系还原出多媒体信息。因此，在多媒体通信协议中，除了需要建立一条主信道来支持系统的核心交互能力，还需要建立若干辅助信道来提供并发的信息发送，以实现完善的多媒体通信交互过程。交互性是多媒体通信系统的重要特征，也是区别多媒体通信系统与非多媒体通信系统的主要准则。例如，在数字电视广播系统中，数字电视机能够处理与传输多种表示媒体，也能够显示多种感觉媒体，但用户只能通过切换频道来选择节目，不能对播放的全过程进行有效的选择控制，因此数字电视广播系统不是多媒体通信系统。而在VOD中，用户可以根据需要收看节目，可以对播放的全过程进行控制，所以VOD属于多媒体通信系统。

3. 同步性

同步性是指多媒体通信终端所显示的文字、声音和图像是以在时空上同步的方式工作的。同步性是判断系统是否为多媒体通信系统的重要因素之一。多媒体通信中需要满足各媒体元素的集成性、复合性和协同性的要求，因此需要支持同步性。接收端接收到的各种信息媒体在时间上必须同步，其中声音和活动图像必须严格同步，因此要求实时性，甚至强实时性。例如，电视会议系统的声音和图像必须严格同步，包括唇音同步，否则传输的声音和图像就失去了意义。

在多媒体通信中，终端接收的信息可以来自不同的信息源，可以通过不同的传输途径，但终端用户接收到的必须是完全同步的多媒体信息。

同步性是多媒体通信系统最主要的特征之一。对于资源受限的通信系统来说，要实现严格意义上的同步是非常复杂和困难的。在多媒体通信中，为了获得真实临场感，通常要求通信网络对声音和图像的传输时延都应小于0.25s，静止图像应小于1s。同步性也是多媒体通信系统中最难解决的技术问题之一。

4. 实时性与等时性

实时性与等时性既是多媒体通信的基本特点，也是实现多媒体通信的关键问题。实时性要求网络能够及时传输数据量巨大的视频、声音、图像、文本等媒体信息；等时性则要求多媒体数据以稳定的速度均匀、平滑地传输，从而保持媒体的时基特性。

多媒体通信的上述特性不仅要求网络具有足够的带宽或传输率，而且要求具有支持和保证多媒体同步通信的协议。

7.3.2 多媒体通信中的相关技术

多媒体通信作为一门跨学科的交叉技术，涉及多种相关技术。

1. 多媒体数据的压缩编码技术

多媒体通信中需要对多媒体数据进行捕获、存储、传输和播放等相关处理，由于多媒体数据量巨大，所以必须对多媒体数据进行压缩编码处理。多媒体压缩编码可实现较低的时延和较高的压缩比，为多媒体通信能够真正应用提供条件。

多媒体信息数字化后的数据量非常大，尤其是视频信号。一路以分量编码的数字电视信号，数据速率可达216Mb/s，存储1h数字电视节目需要近80GB的存储空间，而要实现实用意义上的传送，则需要占用108～216MHz的信道带宽。这对现有的传输信道和存储媒体来说成本十分昂贵。因此，为了节省存储空间和充分利用有限的信道容量传输更多的信息，需对多媒体数据进行压缩。多媒体数据的压缩包括视频数据和音频数据的压缩，二者采用的压缩技术基本相同，只是视频信息在信息交流过程中起着重要的作用，视频信号的数据量比音频信号的数据量大得多，因而压缩难度更大。

图像压缩编码的发展过程可以分为三个阶段。第一代图像压缩编码方法以香农信息论为基础，考虑图像信源的统计特性，采用预测编码、变换编码、矢量量化编码、子带编码、小波变换编码以及神经网络编码等方法。第一代图像压缩编码技术可以达到8～48Kb/s的信息速率。第二代图像压缩编码方法充分考虑了人眼的视觉特性，采用基于方向滤波的图像编码方法和基于图像轮廓-纹理的编码方法，此方法可以获得极低码率的图像数据。第三代图像压缩编码方法考虑到了图像传递的景物特征，采用分形编码方法和基于模型的编码方法，代表了新一代压缩编码发展的方向。

目前，由于计算机处理能力和图像压缩算法的改善，在图像压缩处理方面已经取得了较大的进展。图像处理的编码标准包括ITU-T建议的H.26x系列电视会议的编码标准，ISO定义的用于较高质量的图像编码标准MPEG（moving pictures experts group）系列标准等。JPEG（joint picture expert group）标准是由ISO联合摄影专家组于1991年提出的用于压缩单帧彩色图像的静止图像压缩编码标准。

在多媒体通信业务中传送的语音为数字化的音频信号，有关音频信号的压缩编码技术与图像压缩编码技术基本相同，不同之处在于图像信号是二维信号，而音频信号是一维信号。音频信号的压缩编码也有许多国际标准，如ITU-T建议的G.711、G.722、G.723和G.729标准，以及MPEG-1（MPEG组织制定的第一个视频和音频有损压缩标准）、MPEG-2（MPEG在1994年11月为数字电视制定的标准）和AC3（audio coding3）音频编码标准。在语音处理技术中除了语音压缩处理技术，还需要考虑多方会议中的混合语音和多方语音处理等技术。在检索类的应用中，还需要解决人与机器的语音通信问题。在不同的通信质量情况下，需要采用不同的压缩编码方法。

2. 多媒体传输与协同处理技术

在满足带宽要求的前提下，多媒体通信技术还应该解决多媒体分组传输、同步性、实时性、协同工作、QoS保障以及高性能和高可靠性等问题。

3. 多媒体通信网络技术

任何通信都离不开网络的支撑，电话业务的普及得益于程控交换技术的成熟和使用的方便，数据通信的快速发展则受益于互联网技术的出现。同样，多媒体通信的普及和发展应有其相适应的网络技术。

能够满足多媒体应用需要的通信网络必须具有高带宽、可提供服务质量保证、实现媒体同步等特点。首先，网络必须有足够高的带宽以满足多媒体通信中的海量数据传输，能够确保用户与网络之间交互的实时性；其次，网络应提供服务质量保证，目的是能够满足多媒体通信的实时性和可靠性要求；最后，网络必须满足媒体同步的要求，包括媒体间同步和媒体内同步。

在多媒体通信发展初期，人们尝试采用已有的各种通信网络，包括PSTN、ISDN、CATV和互联网作为多媒体通信的支撑网络。上述网络均是为传递特定的媒体而设定的，在提供多媒体通信业务时具有不同的特点，同时也存在一些问题。随着大量的数据业务和视频业务的涌现，面对丰富多彩的通信业务，单一业务的电话通信网、计算机网络和CATV网络显然无法满足人们的需求。为了满足人们对多媒体通信业务不断发展的要求，世界各国均在研究如何建立一种适合多媒体通信的综合网络，以及如何从现有的网络演进，实现多业务的网络。多业务网络从N-ISDN、B-ISDN和ATM发展到NGN。NGN具有提供包括语言、数据和多媒体等各种业务的综合开放的网络结构，涉及的内容十分广泛，几乎涵盖了所有新一代的网络技术，形成了基于统一协议并由业务驱动的分组网络。电信网络向NGN演进将成为必然趋势。

4. 多媒体存储技术

多媒体信息经过压缩处理后，数据量仍然很大，需要相当大的存储空间和实时处理能力。在多媒体信息传输时，为了保证其传输质量，必须对其实时性提出较高的要求，同时还需要保持媒体间的同步关系。所有这些特点对多媒体系统的存储设备提出了很高的要求，既要保证存储设备的存储容量足够大，还要保证存储设备的速度足够快、带宽足够宽。随着技术的进步，存储设备的存储容量也有较大的增加，相继出现了只读光盘（compact disc read-only memory，CD-ROM）、高存储密度的磁盘、DVD、活动式的激光驱动器、磁盘阵列等大容量的存储设备。

5. 多媒体数据库技术

由于多媒体数据类型多样，表示方法各不相同，所以其存储结构和存取方式具有多样性。多媒体数据库应能描述多媒体数据对象的结构和模型，有效实现多媒体数据的存储、读取和检索等功能，同时提供处理不同对象的方法库。多媒体数据库与方法库紧密相关，以便进行多媒体数据对象的组合、分解和变换等操作。另外，多媒体数据库对具有时空关系的数据进行同步和管理也提出了很高的要求。

6. 多媒体数据的分布式处理技术

随着多媒体应用在互联网上的广泛开展，其应用环境由原来的单机系统变为地理上和功能上分散的系统，因此需要由网络将它们互连，以共同完成对数据的相应处理，所以构成了分布式多媒体系统。分布式多媒体系统涉及计算机领域和通信领域的多种技术，包括数据压缩技术、通信网络技术和多媒体同步技术等，同时还要考虑如何实现分布式多媒体系统的 QoS 保证，在分布式环境下的操作系统如何处理多媒体数据，媒体服务器如何存储、捕获并发布多媒体信息等。

适用于分布式多媒体系统的业务多种多样，不同业务所用的多媒体终端也各不相同。目前常用的多媒体终端有多媒体计算机终端和针对某种特定应用的专用设备，如机顶盒、可视电话等。

流媒体技术也是一种分布式多媒体技术，它主要解决在多媒体数据流传输过程中所占带宽资源过多、用户下载数据等待时间较长等问题。为了提高流媒体系统的效率，通常采用流媒体的调度技术、拥塞控制技术、代理服务器技术和缓存技术等。

7.4 多媒体通信系统

7.4.1 多媒体通信标准

在多媒体通信技术快速发展的背景下，ITU 为公共和私营电信组织制定了一系列多媒体计算和通信系统的推荐标准，以促进各国之间的电信合作。ITU 的 26 个系列推荐标准中，与多媒体通信较为密切的标准如表 7.1 所示。

表 7.1 与多媒体通信较为密切的标准

标准	内容
ITU-T H.320	窄带可视电话系统和终端（基于 N-ISDN）
ITU-T H.321	B-ISDN 环境下 H.320 终端设备的适配
ITU-T H.322	提供保证业务质量的局域网多媒体通信系统和终端
ITU-T H.323	基于包交换的多媒体通信系统（基于局域网）
ITU-T H.324	低比特率多媒体通信终端（基于 PSTN）

续表

标准	内容
ITU-T H.310	宽带多媒体通信系统和终端（基于ATM/B-ISDN）
H.300系列标准	包括H.300相应的视频、音频、通信协议、复用/同步等
H.200系列标准	数据通信协议采用ITU-T H第8组制定的T.120系列标准
其他标准	音频标准G.722、G.728、G.723，视频标准H.261、H.263，多点会议应用标准T.120等

其中，T.120、H.320、H.323和H.324标准组成了多媒体通信的核心技术标准。T.120标准为实时数据会议标准，H.320标准为ISDN电视会议标准，H.323标准为局域网上的多媒体通信标准，H.324标准为PSTN上的多媒体通信标准。后3个标准的比较如表7.2所示。

表7.2　3个主要的系列标准

标准	H.320	H.323（V1/V2）	H.324
发布时间	1990年	1996年/1998年	1996年
应用范围	窄带ISDN	带宽无保证信息包交换网络	PSTN
图像编码	H.261、H.263	H.261、H.263	H.261、H.263
声音编码	G.711、G.722、G.728	G.711、G.722、G.728、G.723.1、G.729	G.723.1
多路复合控制	H.221、H.230/H.242	H.225.0、H.245	H.223、H.245
多点	H.231、H.243	H.323	
数据	T.120	T.120	T.120

目前，互联网上的多媒体通信终端大多数采用H.323标准和SIP标准。H.323协议是一种成熟的协议。而SIP是由Internet工程任务组（internet engineering task force，IETF）提出的应用层控制协议，它具有灵活、简单的特点，在基于互联网协议的语音传输（VoIP）应用上得到了较好的发展，非常适合点到点的通信。从长远的角度看，多媒体通信系统的体系架构必将顺应并融入NGN的发展中。

7.4.2　多媒体通信系统的组成

1. 多媒体通信系统的定义

多媒体通信系统是指能够完成多媒体通信业务的系统，包括多媒体通信终端、通信设备、传输通路、多媒体应用服务设备等，它们由通信网络连接在一起共同构成多媒体通信系统。多媒体通信系统具有分布协同多媒体环境，能够通过网络完成多媒体信息的处理和传送，支持交互式以及广播和多播方式。

多媒体通信系统可以分为以下五个层次。

（1）第一层为传输层，指高宽带、高质量的传输网。它位于多媒体通信系统的最底层，包括局域网、广域网、城域网、光纤分布数据接口（FDDI）等高速数据网络。

（2）第二层为网络层，指根据不同类型信息交换的需要，通过设置各类交换机和路由器等设备，组成的四通八达、畅通无阻的通信网。该层主要提供各类网络服务，使用户能直接使用这些服务内容，而不需要知道底层传输网络是如何提供这些服务的。

（3）第三层为信息层，指连接在上述网络上的各类信息源，即能提供各类声音、数据、图像信息资源的各类公用或专用的信息库。

（4）第四层为应用层，指通过网络接入信息库存取信息资源的各类信息终端和信息应用。该层包括一些常见的多媒体应用，如多媒体文本检索、联合编辑和宽带单向传输等。

（5）第五层为管理层，统管和协调各个层次。该层所支持的应用是指业务性较强的某些多媒体应用，如电子邮购、远程维护和远程医疗等。

2. 多媒体通信系统的结构

多业务和多连接是构成多媒体通信系统结构的出发点，多媒体通信系统的部件主要包括网关、多媒体服务器和通信终端。其中，通信终端又包括执行H. 320、H. 323、H. 324或者SIP的计算机和其他类型终端。

1）多媒体通信网络

多媒体通信网络是指在网络协议的控制下，通过网络通信设备和线路，将分布在不同地理位置且具有独立功能的多个多媒体计算机进行连接，并通过多媒体网络操作系统等网络软件实现资源共享的多机系统。多媒体通信网络是多媒体信息传输的载体，多媒体通信对信息的传输和交换都提出了更高的要求，网络带宽、交换方式和通信协议都将直接影响多媒体通信业务质量。

多媒体通信网络需要传输文本、图像、声音、视频等多媒体信息，不同类别的信息对网络的要求也不同。其中，语音信息实时性要求较高，对时延和抖动敏感，但对误码相对不敏感；数据信息实时性要求不高，但必须有严格的误码/纠错保证；图像信息实时性要求也不高，但带宽要求较高；视频信息需要高带宽并对实时性要求严格，允许有误码。因此，为了实现多媒体信息的业务要求，多媒体通信网络应具有如下几个特性。

（1）具有足够的带宽，以满足多媒体通信中的海量数据，并确保用户与网络之间交互的实时性。

(2) 提供业务等级保证，即 QoS，以满足多媒体通信实时性和可靠性的要求。

(3) 满足媒体同步的要求，包括媒体间同步和媒体内同步。

(4) 对业务的比特率、传输延迟、延迟抖动和误码率等提供保障，同时能够提供多播和缓冲等功能。

各类媒体信息对网络传输能力的要求如表 7.3 所示。

表 7.3 各类媒体信息对网络传输能力的要求

多媒体信息	最大时延/s	最大时延抖动/ms	平均吞吐率/(Mb/s)	可接受的误码率	可接受的误分组率
音频	0.25	10	0.064	$<10^{-1}$	$<10^{-1}$
视频	0.25	10	100	$<10^{-2}$	$<10^{-3}$
压缩视频	0.25	1	2～20	$<10^{-6}$	$<10^{-9}$
数据文件	1	—	2～100	0	0
实时数据	0.001～1	—	<10	0	0
图形、静止图像	1	—	2～10	$<10^{-4}$	$<10^{-9}$

多媒体业务的应用主要采用宽带网技术。宽带网的业务特点有速率跨度大、业务突发性强、对差错敏感程度不同、对时延敏感程度不同、具有多播和广播等功能。随着宽带 IP 技术、软交换技术和虚拟归属环境（virtual home environment，VHE）技术的发展，多媒体网络将会不断完善，为用户提供更加丰富、便捷和人性化的服务。

2) 多媒体通信网络设备

除网络交换和传输的必要设备外，多媒体通信网络设备主要包括提供多媒体业务的多媒体应用设备或服务器，如 MCU、流媒体服务器、应用共享服务器等。网关和多媒体服务器是多媒体通信系统的两个重要的组成部件。其中，网关提供面向媒体的功能，如传送、转换声音和图像数据等；多媒体服务器提供面向服务的功能，如多点通信、身份认证、呼叫路由选择和地址转换等。网关和多媒体服务器相互配合，共同完成多媒体通信的任务。

网关就是一个网络连接到另一个网络的关口，在采用不同体系结构或协议的网络之间互通时，用于提供协议转换、路由选择、数据交换等网络兼容功能。网关又称为网间连接器或协议转换器，指对高层协议（包括传输层及更高层次）进行转换的网间连接器。网关可以将具有不同网络体系结构的多个计算机网络连接起来，实现不同协议网络之间的互连，如局域网间的互连、局域网与广域网间的互连以及两个不同广域网间的互连。

网关是一台功能强大的计算机或工作站，它承担着电路交换网络和分组交换网络之间的实时双向通信。网关提供异构网络之间的连通性能，是电路交换网络和 IP 网络之间的桥梁。网关的基本功能可归纳为以下三点。

（1）具有协议转换能力。网关具有从物理层到传输层，甚至应用层到其他各层协议转换的能力。当然，用于不同场合的网关，其协议转换的能力有所不同。例如，有些只需要负责物理层到传输层的协议转换，有些则需要完成物理层到应用层的协议转换。

（2）具有转换信息格式能力。不同的网络采用不同的编码方法，其信息格式也不同。网关可以对信息格式进行转换，使异构网络之间能够自由地交换信息。

（3）具有在各个网络之间可靠地传输信息的能力。

多媒体服务器是多媒体通信系统的大脑，它是一种能够将数据转换成信息，并将信息传送到需要者手中的装置。多媒体服务器提供授权和验证、保存和维护呼叫记录、执行地址转换、监视网络、管理带宽等功能，并提供与现存系统的接口。多媒体服务器的功能通常由软件来实现，其功能分为两部分：基本功能和选择功能。其中，基本功能包括地址转换、准入控制、带宽控制和区域管理；选择功能包括呼叫控制信号传输方法、呼叫授权、带宽管理和呼叫管理。多媒体服务器通常设计成内外两层，如图 7.1 所示。内层称为核心层，执行协议栈和实现 MCU 功能。外层由多种应用程序接口组成，用于连接网络上现有的多种服务。外层执行用户的授权和认证、事物管理接口、网络管理和安全、媒体资源服务、服务质量选择，以及账单管理模块等功能。

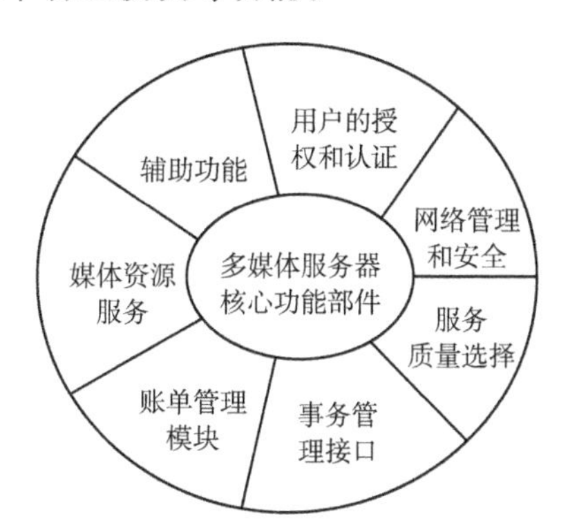

图 7.1　多媒体服务器的功能和基本结构

3）多媒体通信终端设备

多媒体通信终端是指接收、处理和集成各种媒体信息，并通过同步机制将多媒体数据同步地呈现给用户，同时具有交互式功能的通信终端。多媒体通信终端设备是组成通信网络的重要设备，其功能与通信网的性能直接相关，也与自身的业务类型有着密切关系。多媒体通信终端是计算机终端技术、声音技术、图像技术和通信技术的集成产物，是各种媒体信息交流的出发点和归宿点，是人机接口界面所在。因此，它是多媒体通信系统中一个重要的组成部分。

多媒体通信终端是由搜索、编/解码、同步、准备和执行等五部分以及I（Interface）、B（Synchronization）和A（Application）三种协议组成的，如图7.2所示。

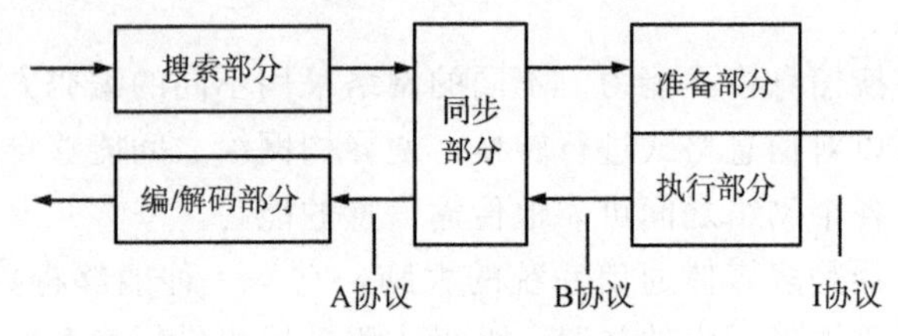

图7.2　多媒体通信终端的构成框图

搜索部分是指人机交互过程中的输入交互部分，包括各种输入方法、菜单选取等输入方式。

编/解码部分是指对多种表示媒体进行编/解码，编码部分主要将各种媒体信息按照一定的标准进行编码并形成码流；解码部分主要对码流进行解码，并按要求的表现形式呈现给用户。

同步部分是指多种表示媒体间的同步问题，它将多种媒体数据按照同步的方式呈现给用户。多媒体终端最大的特点是多种表示媒体通过不同的路径进入终端，由同步部分完成同步处理，使传送到用户面前的信息为一个完整的声音、文字、图像一体化的信息，这就是同步部分的重要功能。

准备部分的功能体现了多媒体通信终端所具有的再编辑功能。例如，一个影视编导可以将从多个多媒体数据库和服务器中调来的多媒体素材加工处理，创作出多种节目。

执行部分完成终端设备对网络和其他传输媒体的接口。

I协议又称为接口协议，它是多媒体通信终端对网络和传输介质的接口协议。

B协议又称为同步协议，它用来传递系统的同步信息，以确保多媒体通信终端能同步地表现各种媒体。

A协议又称为应用协议，它用于管理各种内容不同的应用。

多媒体通信系统中，常见的终端包括以下八类。

（1）N-ISDN中的H.320终端。

（2）B-ISDN中的H.321终端。

（3）ATM网络中的H.310终端。

（4）保证服务质量局域网网络中的H.322终端。

（5）非保证服务质量局域网网络中的H.323终端。

(6) PSTN中的H.324终端。

(7) 局域网或广域网中的SIP终端。

(8) 基于PC的软终端。

7.5 多媒体通信的应用

7.5.1 应用类型和业务种类

多媒体通信的应用类型有很多，涉及通信、教育、有线电视和娱乐等领域。从推动多媒体通信发展的技术因素来看，与多媒体通信相关的技术有音视频压缩技术、同步技术、网络技术和存储技术等。常见的多媒体通信应用系统有视频会议系统、视频点播系统、网络电视系统、远程监控系统等。

多媒体通信业务的种类有很多，并且随着新技术的不断出现和用户对多媒体业务需求的不断增长，新型多媒体通信业务不断涌现。根据ITU-T对多媒体通信业务的定义，其业务类型有以下六种。

(1) 多媒体会议型业务：具有多点、双向通信的特点，如多媒体会议系统。

(2) 多媒体会话型业务：具有点对点通信、双向信息交换的特点，如可视电话、数据交换等。

(3) 多媒体分配型业务：具有点对多点通信、单向信息传输的特点，如广播式视听会议系统。

(4) 多媒体检索型业务：具有点对多点通信、单向信息传输的特点，如多媒体图书馆、多媒体数据库等。

(5) 多媒体消息型业务：具有点对点通信、单向信息传输的特点，如多媒体文件传输。

(6) 多媒体采集型业务：具有多点对多点通信、单向信息传输的特点，如远程监控系统、投票系统等。

以上多媒体业务的有些特点是相似的，可以进一步将其归为以下四种类型。

(1) 人与人之间进行的多媒体通信业务：会议型和会话型业务都属于此类。会议型业务是在多个地点的人与人之间的通信，而会话型业务则是在两个人之间的通信。另外，从通信质量来看，会议型业务的质量略高一些。

(2) 人机之间的多媒体通信业务：分配型业务和检索型业务都属于此类。分配型业务是一人或多人对一台机器、一点对多点的人机交互业务；而检索型业务是一个人对一台机器的点对点交互式业务。

(3) 多媒体采集业务：多媒体采集业务是一种多点向一点的信息汇集业务，通常在机器和机器之间或人和机器之间进行。

(4) 多媒体消息业务：这类业务属于存储转发型多媒体通信业务。在这种类型中，多媒体信息的通信不是实时的，需要先将发送的消息进行存储，待接收端需要时再接收相关信息。

在实际应用中，上述业务并非都以孤立的形式进行，而是以交互的形式存在。实用的多媒体通信系统有多媒体会议系统、多媒体合作应用、远程医疗系统、多媒体监控系统、电子交易、多媒体检索系统、多媒体邮件系统和视频点播等。

多媒体通信是在不同地理位置的参与者之间进行的多媒体信息交流，通过局域网、电话网、互联网传输压缩后的音频和视频等信息。多媒体通信系统中传输信息的数据量非常大，特别是音、视频信息对实时性的要求很高。这些音、视频数据即使经过压缩，其数据量仍很大。当多个用户同时通过网络实时传送这些数据时，则要求通信网络能够提供足够的带宽。因此，为了保证多媒体数据高速、有效的传输，对传输网络环境的带宽、延迟、动态资源分配和服务质量等都提出了很高的要求。

7.5.2 多媒体视频会议系统

视频会议早期也称为会议电视或电视会议，是一种能够将文本、图像、音频、视频等集成信息从一个地方通过网络传送到另一个地方的通信系统。视频会议的参与者通过这种方式可以听到其他会场与会者的声音，也可以看到其他会场和与会者的视频图像，还可以通过传真等及时传送文件，使与会者有身临其境的感觉，在效果上可以代替现场会议。视频会议极大地节省了人们的时间、费用，提高了工作效率。

多媒体视频会议是一种将计算机技术的交互性、网络的分布性、多媒体信息的综合性融为一体的技术，它利用各种网络进行实时传输并能与用户进行友好的信息交流。视频会议是一种以视觉为主的通信业务，其基本特征是可以在多个地区的用户之间实现双向全双工音、视频实时通信，使各方与会人员如同面对面进行通信。为了保证视频会议的顺利实施，要求系统具备以下条件。

(1) 高质量的音频信息。

(2) 高质量的实时视频编/解码图像。

(3) 友好的人机交互界面。

(4) 多种网络接口（ISDN、PSTN、DDN、互联网、卫星等接口）。

(5) 明亮、庄重、优雅的会议室布局和设计。

根据所完成功能的不同，视频会议的方式可以多种多样。根据参与方式和规模划分，可以分为会议室会议系统和桌面会议系统；根据参与会议的节点数目划分，可以分为点对点会议系统和多点会议系统；根据使用的通信网络划分，可以分为ISDN会议、局域网会议、电话网会议、互联网会议。

在视频会议发展初期，网络环境相对简单，各通信设备生产厂商单纯追求一流的编/解码技术，它们拥有各自的专利算法，在技术上进行垄断，使得产品间无法互通，且设备价格昂贵。因此，视频会议市场的发展受到了很大的限制。随着各种技术的不断发展和一系列国际标准的出台，打破了视频会议技术和设备由少数厂商一统天下的垄断局面，逐步发展成为多家大企业共享视频会议市场的竞争局面。此外，高速IP网络和Internet的迅猛发展，各种数字数据网、分组交换网、ISDN和ATM的逐步建设和投入使用，使视频会议的发展和应用进入了一个新的时期。

1. 视频会议系统的关键技术

视频会议技术实际上并不是一项完全崭新的技术，也不是一个界限十分明确的技术领域，它是随着通信技术、计算机技术、芯片技术、信息处理技术的发展而逐步推进的。视频会议系统的关键技术可以概括为以下四方面。

1）多媒体信息处理技术

多媒体信息处理技术是视频会议系统中的关键技术，主要针对各种媒体信息进行压缩和处理。可以这样说，视频会议的发展过程也反映出信息处理技术，特别是视频压缩技术的发展历程。尤其是早期的视频会议产品，各厂商都以编/解码算法作为竞争的法宝。目前，编/解码算法已经由早期经典的熵编码、变换编码、混合编码等发展到新一代的模型基编码、分形编码等。另外，还将图形图像识别、理解技术、计算机视觉等内容引入压缩编码算法中。这些新理论和算法的出现，推进了多媒体信息处理技术的进步，进而推动着视频会议技术的发展。特别是在现有网络带宽的条件下，多媒体信息压缩技术已成为视频会议最关键的问题之一。

2）宽带网络技术

影响视频会议发展的另一个重要因素就是网络带宽问题。多媒体信息的最大特点就是数据量大，即使通过各种压缩技术，要想获得高质量的视频图像，仍然需要较大的带宽。例如，384Kb/s的ISDN提供视频会议中的头肩图像是可以接受的，但不足以提供电视质量的视频。要达到广播级的视频传输质量，带宽应至少在1.5Mb/s以上。作为一种新的通信网络，B-ISDN的ATM带宽非常适合多媒体数据的传输，它能够灵活地传输和交换不同类型（如声音、图像、文本）、不同速率、不同性质（如突发性、连续性、离散性）、不同性能需求（如时延、误码、抖动）、不同连接方式的信息。过去，ATM由于成熟度不足且交换设备价格昂贵，难以推广应用。但经过多年的努力，ITU-T和ATM论坛已经完善了许多标准，各大通信公司生产、安装了大量的ATM设备。同时，ATM接入网也

逐步扩充，越来越多的应用已经在2Mb/s的速率上运行。

另外，还要解决目前通信中的接入问题，它一直是多媒体信息到用户端的瓶颈。全光网、无源光网络、光纤到户被公认为理想的接入方式，但就全世界来说，目前仍处于一个过渡时期。因此，数字用户线技术（x digital subscriber line，xDSL）、混合光纤同轴（HFC）、交互式数字视频系统（switched digital video，SDV）仍然是当前高速多媒体接入网络的发展方向。

正在迅速发展的IP网络，由于它是面向非连接的网络，所以不适合传输实时的多媒体信息，但TCP/IP对多媒体数据的传输并没有根本性的限制。目前世界各个主要的标准化组织、产业联盟、各大公司都在对IP网络上的传输协议进行改进，并已初步取得成效，如实时传输协议/实时传输控制协议（realtime transport protocol/realtime transport control protocol，RTP/RTCP）、IPv6等，为在IP网络上大力发展如视频会议等多媒体业务打下了良好的基础。据预测，在不远的将来，IP网络上的视频会议业务将会大大超过电路交换网上的视频会议业务。

3）分布式处理技术

视频会议不单是点对点通信，更主要的是一点对多点、多点对多点的实时同步通信。视频会议系统要求不同位置的终端能够收发同步，在MCU的统一控制下，实现与会终端工作对象、工作结果和数据资料等数据共享，有效协调各种媒体的同步，使系统更具有接近人类的信息交流和处理方式。

4）芯片技术

视频会议系统对终端设备的要求较高，不仅要求能接收来自于麦克风的音频输入、摄像机的视频输入、网络的信息流数据等，还要求能同时进行数据处理、音频编/解码、视频编/解码等，并将各种媒体信息复用成信息流之后传输到其他终端。在此过程中要求能与用户进行友好的交流，实现同步控制。目前，视频会议终端有基于PC的软件编/解码解决方案、基于媒体处理器的解决方案和基于专用芯片组的解决方案三种。不管采用何种方案，高性能的芯片是实现这些视频会议方案所必需的基础。

2. 视频会议的发展趋势

视频会议作为交互式多媒体通信的先驱，顺应了三网合一的发展趋势。目前，视频会议的发展已取得了长足的进步，跨平台应用、低廉的价格、良好的视频成像和语音功能等特点，使得视频会议系统的市场规模得以进一步扩大。随着新技术的逐步深入和应用，视频会议出现了一些新的发展趋势。

1）基于软交换思想的媒体和信令分离技术

在传统交换网络中，数据信息和控制信令是一起传送的，并由交换机集中处理。而下一代通信网络的核心构件是软交换，其思想是采用数据信息与信令分离的架构。数据信息由分布在各地的媒体网关处理，而信令则由软交换集中处理。相应地，传统的MCU也被分离为完成信令处理的多点控制器（MC）和进行信息处理的多点处理器（MP）两部分。MC处于网络中心，可以采用H.248协议远程控制MP。MP则根据各地的带宽、业务流量分布等信息合理地分配信息数据的流向，从而实现无人值守的视频会议系统，减少会议系统的维护成本和维护复杂度。

2）分布式组网技术

分布式组网技术与信令分离技术相关。在典型的多级视频会议系统中，最常见的是采用MCU进行级联。这种方式的优点是简单易行，缺点是如果某个下层网络的MCU出现故障，则整个下层网络均无法参加会议。但是如果将信令和数据分离，那么对于数据量小且对可靠性要求高的信令，可以由最高级中心进行集中处理，而对数据量大但对可靠性要求低的数据信息则可以交给各低级中心进行分布处理，这样既可以提高可靠性又可以减少对带宽的要求，从而实现了对资源的优化利用。

3）H.264/AVC视频压缩技术

H.264/AVC具有高精度、多模式的运动估计和分层编码等优点。在相同的图像质量下，采用H.264/AVC技术压缩后，数据量只有MPEG-2的1/8，MPEG-4的1/3。因此，H.264将会在视频会议系统中得到广泛的应用。

4）交互式组播技术

传统的视频会议设备大多只能单向接收，采用交互式组播技术则可以将本地会场开放或上传给其他会场观看，从而实现极具真实感的双向会场。

7.5.3 视频点播系统

VOD也称为交互式电视点播，即根据用户的需要播放相应的视频节目。它从根本上弥补了用户过去被动式观看电视的不足。当用户打开电视时，可以不看广告，直接点播希望收看的内容。用户不仅可以自由选择节目，还可以对节目进行编辑和处理，获得与节目相关的详细信息，系统甚至可以向用户推荐节目。这是信息技术带给用户的梦想，它通过多媒体网络将视频节目按照个人的意愿输送到千家万户。VOD向用户提供的服务远远不止这些，它还可以实现网络漫游、收发电子邮件、家庭购物、旅游指南、股票交易等其他功能。可以这样说，这一技术的出现使用户可以按照自己的要求来安排工作和娱乐时间，极大地提高了人们的生活质量和工作效率。

VOD起源于20世纪90年代末，是一项随着娱乐业的发展而兴起的技术。

它是一种综合计算机、通信、电视等技术，利用网络和视频技术的优势，为用户提供不受时空限制的浏览和播放多媒体信息的人机交互应用系统。

VOD技术不仅可以应用在电信宽带网络中，也可以应用在小区局域网、有线电视的宽带网络、企业内部信息网和互联网中。在如今的智能小区建设过程中，计算机网络布线已成为必不可少的环节，小区用户可以通过计算机、电视机＋机顶盒等方式实现VOD应用。

1. VOD系统的组成

图7.3所示为VOD系统结构图。通常，VOD系统主要由三部分组成：服务端系统、网络系统和客户端系统。

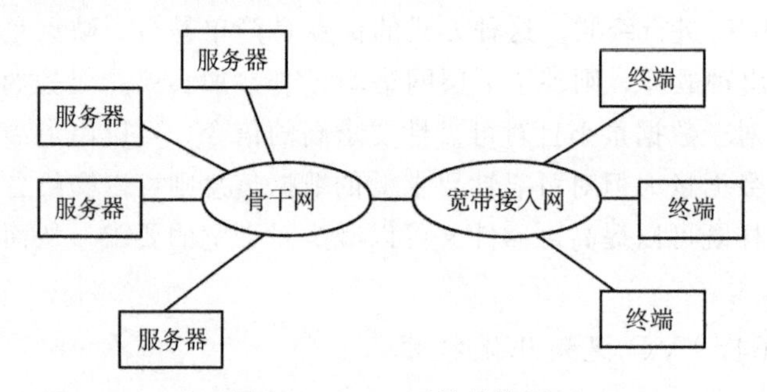

图7.3　VOD系统结构图

1）服务端系统

服务端系统主要由视频服务器、档案管理服务器、内部通信子系统和网络接口组成。视频服务器主要由存储设备、调整缓存和控制管理单元组成，其目的是实现对媒体数据的压缩和存储，并且能够按照请求进行媒体信息的检索和传输。档案管理服务器主要承担用户信息管理、计费、影视材料的整理和安全保密等工作。内部通信子系统主要完成服务器间信息的传输、后台影视材料和数据的交换。网络接口主要实现与外部网络的数据交换并提供用户访问的接口。

对于交互式的VOD系统，服务端系统还需要实现对用户实时请求的处理、访问许可控制、盒式磁带录像机（video cassette recorder，VCR）功能（如快进、暂停、快退等）的模拟。

2）网络系统

网络系统包括具有交换功能的骨干传输网络和宽带接入的本地网络两部分，VOD业务接入点的设备将这两部分连接起来。业务接入点主要完成按用户的指令建立一条从视频服务器到用户的宽带通道。网络系统负责视频信息流的传输，所以是影响连续媒体性能极为关键的部分。同时，媒体服务系统的网络部分投资巨大，因此在设计时不仅要考虑当前的媒体应用对高带宽的要求，还要考虑到将来发展的需要和向后的兼容性。目前，可用于建立这种服务系统的网络物理介质主要是双绞线、同轴电缆和光纤等。而采用的网络技术主要是快速以太网、FDDI 网络和 ATM 技术。

3）客户端系统

只有利用终端系统，用户才能与某种服务进行互操作。VOD 的客户端可以有多种，在计算机系统中，VOD 的客户端系统由带有显示设备的 PC＋电缆调制解调器（cable modem，CM）实现；在电视系统中，则由电视机＋机顶盒实现。

2. VOD 的分类

根据不同的应用场景和功能需求，VOD 系统主要可以分为三种：准点播电视（near video on demand，NVOD）、真实点播电视（true video-on-demand，TVOD）和交互式点播电视（interactive video-on-demand，IVOD）。

1）NVOD

NVOD 每隔一定的时间，依次启动发送相同内容的视频流，如对于 12 个视频流，则每隔 10min 发送一个同样的 2h 的电视节目。如果用户想看这个节目，可能需要等待，但最长不会超过 10min，他们会选择距他们最近的某个时间起点进行收看。在这种方式下，一个视频流可能被多个用户共享。

2）TVOD

TVOD 真正支持即点即放。当用户提出请求时，视频服务器会立即传送用户所需的视频内容。如果有另一个用户提出同样的请求，视频服务器会立即为他再启动另一个传输同样内容的视频流。但是，一旦视频流开始播放，就要连续不断地播放下去，直到结束。在这种方式下，每个视频流只为一个用户服务，实现的费用十分昂贵。

3）IVOD

IVOD 相比前两种方式有很大的改进。它不仅可以支持即点即放，而且可以让用户对视频流进行交互式的控制，如实现节目的播放、暂停、快进、快退等。

3. VOD 的服务方式

为了利用有限的节目通道以满足更多用户的需求，VOD 设计了三种服务方式。

1）单点播放方式

在这种方式下，用户独占一个节目通道，并对节目具有完全的控制。由于通道数是有限的，用户必须首先申请这种服务。当获得允许后，系统分配通道，用户在节目清单中选择节目，然后开始播放节目。在播放过程中，用户独占节目通道，并可以进行快进、快退、暂停等交互式操作。这种服务方式具有快速响应、交互性好的特点，具有良好的服务质量，但费用较高。

2）多点播放方式

这种方式是几个用户共享一个节目通道，但节目只能线性播放，即从头播放到尾，用户不能进行控制。这种方式相当于预约播放方式。VOD系统拥有者可决定播放的时间表，如半小时播放一次。用户可在某个时间段内预约某个节目，系统便会在规定时间内给予答复，具体实施方案取决于用户感觉和预约效率（即尽量满足多个用户的需求）。

用户预约时，首先在已经预约的节目单中选择，不满意时再在总节目单中选择。系统根据现有的通道数、用户预约数和时间段进行统一的安排，并给予用户答复。当不能满足用户要求时，还可给予用户建议，告知在什么时间段可以满足要求。当节目播放时，预约并得到允许的用户可以完整地收看，但这些用户只能在特定的时间段内从头看到尾，在节目播放过程中不能进行交互式控制。这种服务方式具有预约节目的特点，属于简单的交互电视，能够提供中等的服务质量，有较多的用户，且收费中等。

3）广播方式

这种方式下，节目通道相当于一个有线电视频道，由VOD系统所有者安排节目和时间，所有装有机顶盒设备的用户都可接收节目，在节目播放期间不能进行控制。为了使用户看到完整的节目，每个节目可循环播放。这种服务方式类似于广播，不具有交互性，提供的服务质量较差，但有最多的用户，且收费较低。

4. 视频服务器

1）视频服务器的功能

视频服务器是VOD系统中的重要单元，它是一个存储信息和检索资料的服务系统，其主要功能如下。

（1）大容量视频存储。

（2）节目检索和服务。服务器接收所有用户的全部信号，以便对服务器进行控制，其控制处理能力要根据应用的不同进行设计，对于交互较少的影片点播，只需较少的控制处理能力；而对于交互较多的交互式学习、交互式购物、交互式视频游戏等，就需要高性能的计算平台。

（3）快速的传送通道。服务器有一个高速、宽带的下行通道与编码路由器相连，将服务数据传送给各个用户。同时，服务器还接收来自用户的访问请求。

（4）提供对信源、音乐、交互式游戏和其他软件的随机即时访问。

（5）对在线媒介提供顺序、批量的访问。

（6）将资料分布到适当的存储设备、存储器或物理介质上，以扩大观众数量，获得最大收益。

(7) 提供扩展冗余。当某些部件发生故障时，不必使网络停机，就能使服务器恢复正常运行状态。

可以看到，视频服务器和普通服务器有很大的差异。普通服务器面向计算，研究的主要问题集中在调整计算性能和数据可靠性等方面；而视频服务器则面向资源，其主要技术问题是资源问题。它有效地提供大量的实时数据，涉及对视频服务器外存储容量、内存储容量、存储设备I/O、网络I/O、CPU运算等多种资源的合理调度和设计。

2) 视频服务器的结构

VOD的不同应用规模，对视频服务器的要求是不同的。因此视频服务器有着不同的体系结构，它可以小到一台计算机，大到若干设备组成的计算机网络。典型的视频服务器可以归纳为以下四类。

(1) 基于PC和工作站的视频服务器。这些服务器由一些高性能的PC改装而成，通过运行相应的软件完成视频服务器的功能，其处理能力有限。这种视频服务器硬件投资少，不需专门设计，一般适用于较小范围的应用，如练歌房、小型酒店等。

(2) 通用体系结构视频服务器。这种方式是利用通用的并行计算机实现视频服务器的功能。主要面向商业应用，如商业计算、事务处理和图形生成等。虽然这些计算机不是针对VOD服务的，但通过对它们进行进一步的开发，配备视频卡、视频播放软件等，这些计算机就可以作为视频服务器使用。这类服务器的扩展性能较高，适用范围可由大型酒店、居民小区至城域范围的较大规模应用。

(3) 专用体系结构服务器。这类视频服务器可以提供全面的流媒体服务解决方案，其设计就是为视频流媒体服务定制的，因此在应用上最具吸引力。针对不同的网络应用和系统需求，这类视频服务器可以提供很好的视频流服务，还可以提供多种接入方式和流媒体应用软件。这类服务器具有很好的扩展性，不仅适用于较大范围的应用，而且完全适用于分布式网络。

(4) 通用可扩展结构。通用可扩展结构由一个或几个CPU组成单个节点，每个节点是一个功能处理单元，多个节点之间使用路由器进行互连，每个路由器组成一个具有某种拓扑的无阻塞网络，且按照某种规则具有可扩展性。这类视频服务器通常都有一个可扩展网络，且包含多种拓扑结构，具有非常好的可扩展性。

3) 视频服务器的服务策略

VOD系统有两种方法为用户提供服务，服务器“推”模式和客户机“拉”模式，从而实现客户机和服务器之间视频数据的请求和发送。

(1) 服务器“推”模式。大多数的VOD系统采用这种模式，当建立起一个交互后，视频服务器以受控制的速率发送数据给客户，客户接收并且缓存接收到

的数据以供播放。一旦视频会话开始，视频服务器就持续发送数据给客户，直到客户发送停止请求。

（2）客户机“拉”模式。在这种模式下，客户以周期的方式发送请求给服务器，服务器收到请求后，从存储器中检索数据并发送给客户，此时数据流是由客户驱动的。两种服务模式如图7.4所示。

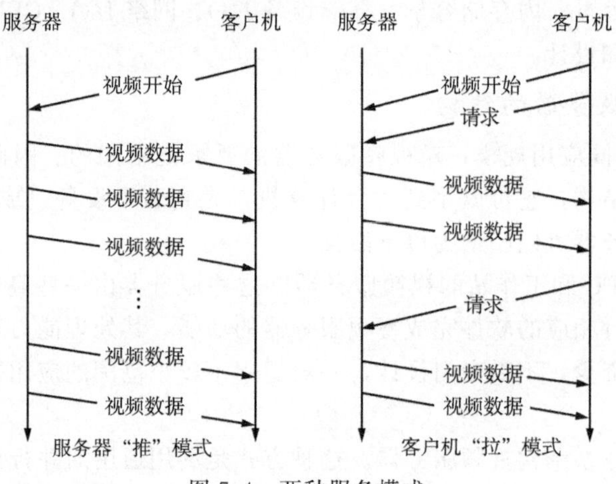

图7.4　两种服务模式

5. 用户点播终端

VOD系统中用户点播终端可以是计算机，也可以是电视机＋机顶盒。在ADSL和HFC传输方式下，用户终端通常是电视机＋机顶盒。机顶盒是接在电视机上的一个装置，其基本功能是接收ADSL或HFC的下行数据，经解调、纠错、解压缩等操作后将其恢复为AV信号，并将用户点播要求的上行信号传送到播控服务器。目前，机顶盒的功能已经从一个多频率的调谐器和解码器演变成为一个可以访问和接收包括新闻、电影等大量多媒体信息的控制终端。

机顶盒的发展趋势是逐步集成电视和计算机的功能，成为一个多功能服务的工作平台，用户通过机顶盒即可实现VOD、数字电视广播、互联网访问、远程教学、电子商务等丰富的多媒体信息服务；同时也可采用Web方式实现上述业务的用户接入。

1）机顶盒的功能

交互式电视中的机顶盒既是用户选择节目的选择器，也是保障用户终端正常运行的控制器。按照这个要求，机顶盒应具有以下功能。

（1）按照用户室内设备、CATV网络、节目资源的状态，利用用户电视屏幕显示服务公司和信息提供者发出的消息和菜单。

（2）将用户的选择信息传送到服务中心或信息提供者。

(3) 向用户提供基本的终端控制功能，如在选择收看 VOD 节目时，具有进行暂停、快进等 VCR 所具有的功能，以及电源的开关、选择 VOD 或标准电视操作。

(4) 具有双向通信能力，能实现电视购物、远程教学和 VOD 等。

(5) 与家庭中的计算机相连。

(6) 进行信号传送、调制和解调，能处理 ATM 协议。

(7) 监控公用设备，进行信号传输性能的遥测和反馈。

2) 机顶盒的硬件结构

机顶盒的硬件结构由信号处理、控制和接口等几部分组成。图 7.5 所示为一个开放式机顶盒的硬件设计结构。

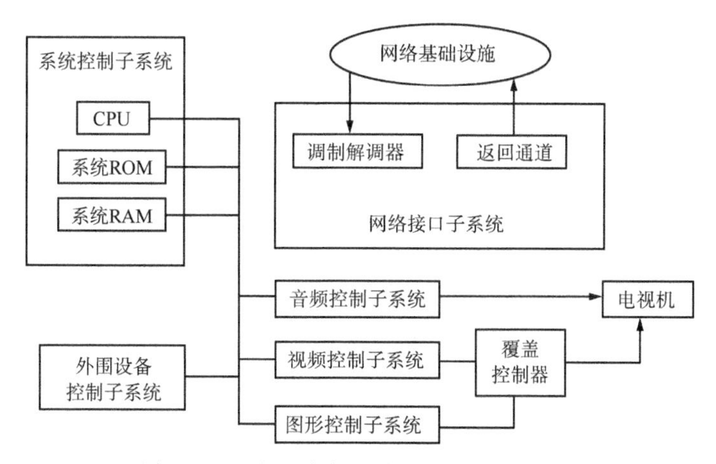

图 7.5 一个开放式机顶盒的硬件设计结构

(1) 系统控制子系统。系统控制子系统中运行着一个实时操作系统，用以管理机顶盒的操作和资源。系统 ROM 中包含基本的操作系统服务程序，RAM 则由操作系统、应用服务程序和数据所共享。

(2) 视频控制子系统。视频控制子系统对压缩的视频流进行解码，目前视频的压缩主要采用 MPEG 标准。MPEG-1 采用 1.5Mb/s 的数据率达到稍高于家用录像系统（video home system，VHS）（分辨率为 352×240 像素）的质量。MPEG-2 在数据率为 3～10Mb/s 时可达到 CCIR-601 的质量，若提高到 60Mb/s 可达到高清晰度电视（high definition television，HDTV）的质量。

随着微处理器性能的不断提高，解码可完全由软件来实现。机顶盒在解码前，只需要根据视频流的不同压缩标准，从服务器下载不同的解码程序，这样就可以适应各种类型的编码视频流。

(3) 音频控制子系统。音频控制子系统通过对音频数据流的解码，产生与视频同步的音频输出或游戏等其他服务程序的背景音乐。作为可扩展的功能，音频控制子系统还可以用于实现高保真的音响服务。

音频控制子系统包括解码和合成两部分。解码部分可以采用可编程数字信号处理器（digital signal processing，DSP）结构，用于广泛支持 G. 711、G. 722、G. 728 等音频编码标准。音频和视频的解码硬件也可以结合在一起。

（4）图形控制子系统。图形控制子系统用于产生菜单等服务程序所需的图形界面。此外，它还用于视频游戏等应用中的二维或三维图形加速显示。图形控制子系统的输出，通过覆盖控制器与视频信号叠加在一起，经过编码输出到电视机上。

（5）网络接口子系统。网络接口子系统将机顶盒连接到网络上，处理有关网络协议，接收输入信息流，并返回用户的控制命令。

网络接口子系统中可以采用可编程数字调谐器和调制解调器，以适应不同电视系统的结构特点。安全管理可以通过解密卡的方式，以此作为可选件，插在机顶盒的扩展槽中。

（6）外围设备控制子系统。外围设备控制子系统使用户可以将多种外设连接到机顶盒上。其中，最基本的外设接口是红外线遥控器。根据用户的需要，机顶盒还可以提供更多的接口，如游戏操纵杆、键盘、鼠标、打印机、磁盘驱动器等。

应用层
中间层
内核层
硬件抽象层

图 7.6　机顶盒的软件结构

随着电子技术的发展，机顶盒的硬件结构高度集成化，使其成本大幅降低，但带来的一个问题是难以扩展和升级。当引入软件处理模型时，开放性问题就能够得到真正的解决。

3）机顶盒的软件结构

机顶盒的软件设计可以采用一个层次型的结构，其优点在于使底层的硬件对上层软件透明，增加和替换硬件时不用修改高层的软件，上层软件修改时也不必了解硬件的结构。这样升级和扩展将会变得十分方便。图 7.6 给出了一个机顶盒软件结构的分层模型。

7.5.4　网络电视系统

网络电视（IPTV）指利用电信宽带网或有线电视网，采用互联网协议向用户提供多种交互式数字媒体服务。用户在家里就可以通过计算机、电视机或手机接收各种网络电视节目。IPTV 集通信技术、多媒体技术、互联网技术等多种技术于一体，它突破电信网和有线电视网终端的瓶颈，是电信部门和广电部门都欲大力发展的业务增长点。

IPTV 可以提供的视频发送方式有三种：现场直播、定时广播和视频点播。它采用更为高效的视频压缩编码技术，支持实时传输的标准协议，如实时传输协议（RTP）、实时传输控制协议（RTCP）、实时流协议等，其主要特点如下。

（1）用户可以得到高质量（接近 DVD）的数字媒体服务。

（2）用户有着极为广泛的自由度，可自由地选择宽带 IP 网上各网站提供的视频节目。

（3）实现媒体提供者和媒体消费者的实质性互动。IPTV 采用的播放平台是新一代家庭数字媒体终端的典型代表，它能根据用户的选择配置多种多媒体服务功能，包括数字电视节目、可视 IP 电话、DVD 播放、电子邮件和电子商务等功能。

（4）为网络运营商和节目提供商提供了广阔的市场。

1. IPTV 的基本结构

组成 IPTV 的平台在结构上分为四层：用户接入层、业务承载层、业务应用层和运营支撑层，其平台结构如图 7.7 所示。

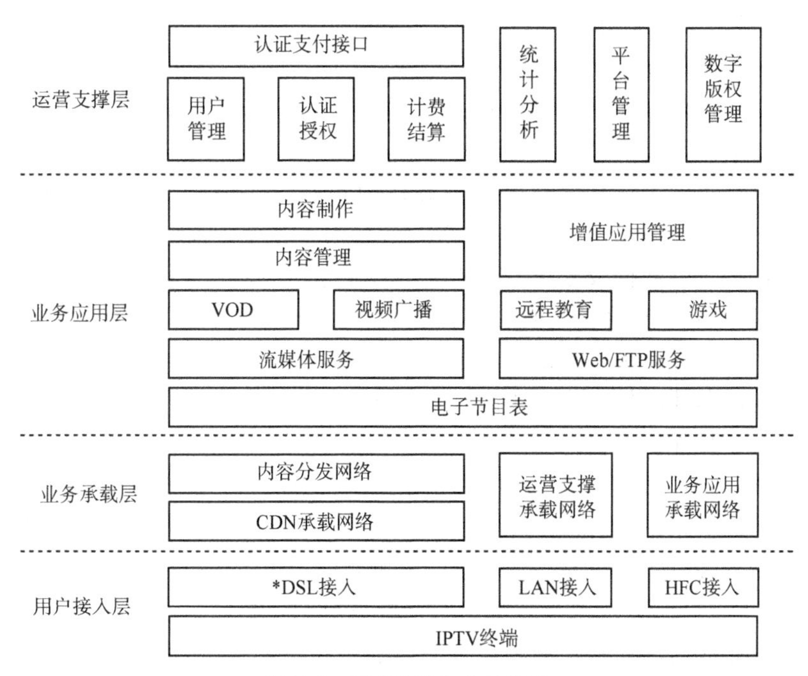

图 7.7　IPTV 平台总体结构

用户接入层通过终端设备完成用户向 IP 业务的接入，可以采用如 ADSL、HFC 或手机等接入方式。业务承载层涉及运营和业务的承载网络，以及内容分发的承载网络。IPTV 对承载网络有很高的要求，承载网络可以是 IP 网、有线电视网或移动网。业务应用层使用户通过节目清单享受多种多媒体服务，涉及多种网络增值业务。运营支撑层完成运营商对业务和用户的管理，如认证授权、计费结算、平台管理和数字版权管理等。

2. IPTV 的相关技术

IPTV 的发展与视频编/解码技术、通信技术、流媒体技术、用户授权认证和管理技术、数字版权技术等息息相关。

视频编/解码技术是 IPTV 发展的基本条件。高效的视频压缩是在互联网环境下传输视频信息的基本保证。IPTV 主要采用的视频编/解码标准是 MPEG-4、H.264 和音视频编码标准（audio video coding standard，AVS）。

流媒体技术采用流式传输方式，使得音、视频等信息能够在互联网上传输。流媒体的使用与单纯的下载相比，不仅使播放时的启动延时大大缩短，而且降低了对缓存容量的要求。流媒体技术使用户可以在互联网上获得类似广播电视的视频效果，是 IPTV 中的关键技术。流媒体系统由前端的视频编码器和发布服务器以及客户端的播放器组成。目前，在网络上使用的流技术有 Real Networks 公司的 Real Media、Microsoft 公司的 ASF、Apple 公司的 Quick Time。

内容分发网络（content delivery network，CDN）可以降低对服务器和带宽资源的无谓消耗，提高视频的服务品质。内容分发网络使互联网具有广播电视网的特征，为 IPTV 的发展开辟了道路。CDN 的内容分发借助建立多播、索引、缓存、流分裂等技术，将要传送的多媒体内容发送到距离用户最近的远程服务点。CDN 的内容路由技术是整体网络的负载均衡技术，通过内容路由的重定向机制，可以在多个远程服务点上均衡用户对业务的请求，使用户获得最近内容源的最快反应。CDN 的内容交换可以根据服务内容的可用性、服务器的可用性和用户的背景，在远程服务点的缓存服务器上智能地平衡负载流量。CDN 的性能管理通过内部和外部的监控系统以获得网络各个部分的运行状况信息，从而保证运行网络处于最佳运行状态。

数字版权管理（digital rights management，DRM）技术也是 IPTV 内容管理的重要方面，DRM 类似于授权和认证技术，用户只有获得必要的权限才可以使用相关的出版物。这项技术可以防止视频内容未经授权而被播放或复制。DRM 采用的主要保护技术有数据加密、版权保护、数字水印和签名等。数据加密通过对原始数据的加密处理来保证只有获得授权的用户才可以使用授权内容。版权保护将合法使用作品的相关条款进行编码并嵌入保护文件中，只有当所需条件满足时才允许用户使用作品。数字水印技术是目前使用广泛的一种方法，它通过将著作权拥有人和发行商的特定信息及作品使用条款加入数据中，从而防止作品的非法传播。

7.5.5 多媒体监控系统

多媒体监控系统是以计算机为中心，以数字信号处理技术为基础，利用音频压缩、视频压缩等国际标准，综合利用传感器、通信网络、自动控制和人工智能等技术进行监控的系统。它是多媒体技术、网络技术、工业控制等技术的综合运用，广泛地应用于银行、机场、博物馆、交通、电力、金库等各种重要场所和机构。

1. 多媒体监控系统的基本组成

图7.8所示为远程多媒体监控系统结构示意图。系统由监控现场、传输网络、监控中心三部分组成。

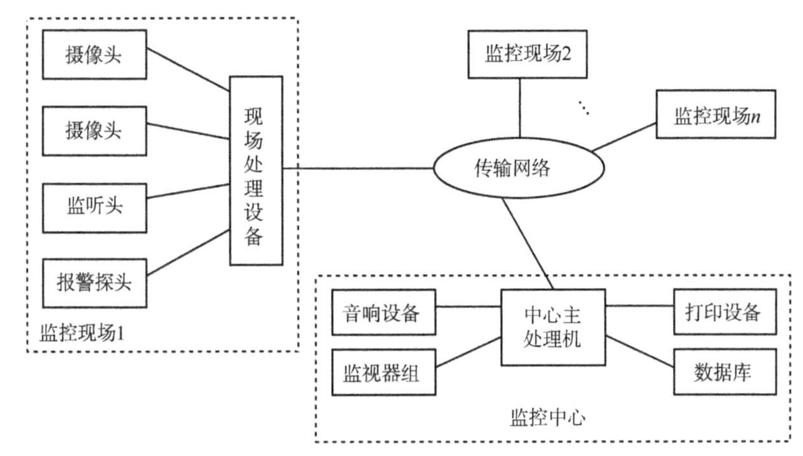

图7.8 远程多媒体监控系统结构示意图

监控现场的核心设备是现场处理设备，其主要功能是将摄像头采集到的视频信息、监听头采集到的音频信息和报警探头采集的信息进行A/D转换和压缩编码。根据具体的应用情况，对视频图像所采用的压缩方式可以是MPEG-1、MPEG-2、MPEG-4和H.264等。

监控现场的工作方式有以下两种。

(1) 由本地的主机对所设置的不同地点进行实时监控，这种方式适用于近距离监控。摄像头采集的视频信号既可以实时存储到本地的硬盘中；也可以只供观察，一旦有报警触发，自动将高质量的画面记录到硬盘中，这些画面可供工作人员随时回放、搜索和调整。本地端的主机不需要外加画面分割器，可以同时监视多个流动画面。

报警探头可根据实际应用需要，配置不同的类型以满足多种监控要求，

如门禁、红外、烟雾等。现场处理设备收到报警探头采集的报警信号后，按照用户设置采取一系列措施，如灯光指示、关闭大门、录像和拨打报警电话等。

（2）由现场处理设备将采集的音频、视频、报警信号通过传输网络传至监控中心，监控现场则将监控中心传来的控制信令提取出来，进行命令格式分析，按照命令内容执行相应的操作。

监控中心将对多个监控现场传送来的数字流信号进行解压缩处理，完成对音频信号、视频信号和报警信号的处理，并且将监控中心的控制信令发送到监控现场，从而完成对监控设备的控制。监控中心还可以与地理信息系统（geographic information system，GIS）和管理信息系统（management information system，MIS）结合，提供更加灵活的管理。

2. 应用实例

现以公安系统的城市报警和监控应用为例进行说明。该系统结构由监控现场、传输网络、远程监控中心和远程客户端四部分组成，如图 7.9 所示。

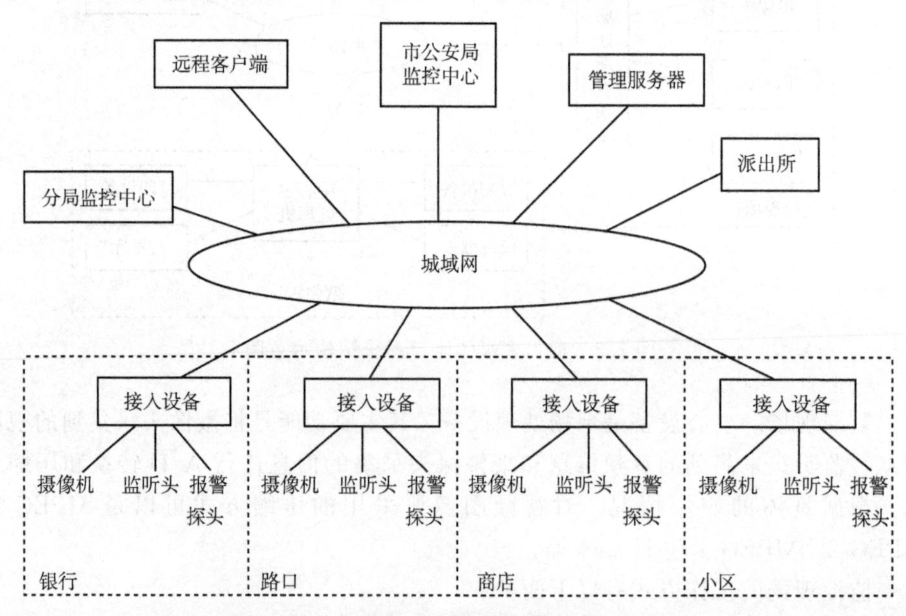

图 7.9 公安系统的远程监控系统结构示意图

监控现场完成对监控信号的采集、数字化处理和编码。采集的信号主要是音频信号、视频信号和报警信号。由摄像机、报警探头等设备完成对信号的采集，再将采集到的模拟信号交由相应的处理设备进行数字化处理并进行压缩，然后经局域网接入城域网。监控现场可以是银行、商店、路口等重要场所。

在基本硬件基础上，系统的监控功能可以通过软件来实现，可实现的主要功能如下。

（1）视频监控，实现在显示屏幕上多画面分屏显示，完成视频切换和视频冻结。

（2）实现摄像头控制、云台控制、录像内容存盘和遥控开关。

（3）通过网络实现数据库查询和远程遥控。

（4）系统管理如工作日志、系统定时启动、系统安全设置、锁定/解锁、系统自我保护。

管理服务器完成对各级监控中心和远程客户端的分级、授权管理和对监控现场音、视频信息的传输控制，除此之外，还要完成向专网的转发控制。

远程监控中心可以按照管理需要和不同的权限进行划分。监控现场的监控信号通过城域网到达监控中心，监控中心按照自己的需要选择重点内容进行监控。市公安局、各公安分局、派出所具有各自的监控权限和控制范围，通过在监控中心的电视墙或计算机显示来自监控现场的图像。

远程客户端利用装有接收软件的计算机，按照自己的使用权限监控其授权范围内的监视现场的信号。

7.6 多媒体通信的发展趋势

多媒体通信技术将随着通信技术、电视技术、计算机技术等相关技术的进步而不断发展，网络技术、信息处理技术和终端技术是其发展的关键所在。

1. 多媒体通信的网络技术

多媒体通信的网络技术的发展趋势是信息传输的超高速和网络功能的高度智能化。随着网络体系结构的演变和宽带技术的发展，基于软交换的传统话音业务和多媒体业务的商业应用已逐步出现。随着网络应用加速向IP汇聚，多媒体通信网络正逐渐向着对于IP业务最佳的分组化网，特别是IP网的方向演进和整合，融合将成为未来网络技术发展的主流。从技术层面上看，融合将体现在话音技术与数据技术的融合、电路交换与分组交换的融合、传输与交换的融合、电与光的融合上；从网络角度看，结合信令网关、媒体网关、分组网，以软交换为核心，融合将体现在网络的统一管理和业务层的融合上。这种融合不仅使话音、数据和图像三大基本业务的界限逐渐消失，也使网络层和业务层的界限在网络边缘处变得模糊。网络边缘的各种业务层和网络层正走向功能乃至物理上的融合，整个网络也正在向下一代融合网络演进，最终将带来传统的电信网、计算机网、有线电视网在技术、业务、市场、终端、网络乃至行业管制和政策方面的融合。

2. 多媒体通信的信息处理技术

信息处理包括数据的压缩处理和分布处理。在图像信息处理方面，人们正在研究和开发新一代图像压缩编码算法，如神经网络、模糊集合、分形理论等算法，并力图将这些算法在硬件上予以实现，以期在保持一定图像质量的前提下获得更大的压缩比。

3. 多媒体通信的终端技术

随着半导体集成技术的发展，处理器处理多媒体信息的能力不断增强，多媒体通信终端体积越来越小，性能却越来越强，小型化且使用简单是多媒体通信终端发展的趋势。

此外，为了满足多媒体网络化环境的要求，多媒体通信终端在硬件结构不断优化的同时，还需对软件进行进一步的开发和研究，使多媒体通信终端向部件化、智能化、嵌入化的方向发展，如增加对汉语语音的识别和输入、自然语言理解和机器翻译、图形的识别和理解、机器人视觉和计算机视觉等智能功能。

随着网络技术的发展，用户对网络所提供的多媒体通信业务的要求越来越多，也越来越高。因此，多媒体通信终端的发展必须融合传统电视和 PC 的功能，使其能够支持各种多媒体业务，如会议电视、远程教学、家庭办公、交互游戏、实时广播、点播业务等，同时还必须支持多种接入方式，如 IP 接入、ISDN 接入、专线接入等。

参考文献

曹志刚，钱亚生．2008. 现代通信原理．北京：清华大学出版社．

丁奇．2010. 大话无线通信．北京：人民邮电出版社．

丁奇，阳桢．2011. 大话移动通信．北京：人民邮电出版社．

蒋青．2008. 现代通信技术基础．北京：高等教育出版社．

李晓辉，方红雨，王铁冰．2014. 多媒体通信技术．北京：科学出版社．

吴资玉，韩庆文，蒋阳．2008. 通信原理．北京：电子工业出版社．

杨波，周亚宁．2009. 大话通信．北京：人民邮电出版社．